セマンティックW
とリンクトデータ

博士(情報科学)　兼岩　　憲　著

コロナ社

ま え が き

セマンティック Web は，未来の Web として，現在のドキュメント中心の Web を本質的に拡張して「データ中心」の Web を実現する構想である．具体的には，Web ドキュメントを人が読むという従来の枠組みを超えて，構造化された Web データを機械が読んで処理する Web データ空間（データの Web と呼ぶ）が構築される．それにより，増大する Web 上で意味的に融合された膨大な知識群が出現しコンピュータの知能を飛躍的に高めるであろう．

リンクトデータは，データの Web を実現する上での最も重要な要素である．HTML による従来 Web ではドキュメントがハイパーリンクでつながっているが，データの Web はリンクトデータ（コンピュータが解釈できる構造化データ）によって「もの」や「こと」（これらをリソースと呼ぶ）を意味的リンクでつなげる．現在，セマンティック Web 技術によって多種多様なデータセットがリンクトデータとして公開されている．

Web の発明者ティム・バーナーズ＝リーの構想から始まったセマンティック Web は，その実現のために多くの関連技術が提案されている．従来の Web 技術と同じように，W3C（WWW コンソーシアム）の標準化団体によって基本技術の普及が促されている．W3C の標準化では，多くの専門家が参加することで従来の Web 技術との整合性を保ちながら仕様が策定されている．その中でも本書で紹介する RDF，RDF Schema や SPARQL などは，セマンティック Web の入門としてまず学ばなければならない．

本書では RDF データ，共通語彙やオントロジーを説明する際に，（自作の例よりも）Web で公開されている実データを使うように心掛けた．これはかなりたいへんな作業であったが，実データの存在はリンクトデータの有用性に説得力を与えてくれる．実データを見ると，よく使われる語彙とそうでない語彙がある．これは使われるものだけが生き残るという，いかにもWebらしい技術の普及ともいえる．現在のWebからは想像もできないが，Webの黎明期には限られたWebページしかなく誰が作成していくのか心配されていたが，現在その心配は無用である．同様に，すでにリンクトデータがWeb上に膨大に存在することは，かつてのWebと同じようにデータのWebが普及段階に入る証である．

本書の構成は，以下のとおりである．本書ではWebの基本技術から始まって，その延長線上においてセマンティックWebの基幹技術を説明していく．1章では，セマンティックWebに対する背景や目的，データのWeb，オントロジー，セマンティックス（意味論）や巨大データベースに関して言及する．また，リンクトデータをはじめとするセマンティックWeb技術の応用例について，Rich Snippets，ナレッジグラフやIBMワトソンを簡単に説明する．

2章では，インターネット環境においてHTML（ハイパーリンク），HTTP，URLの三つの要素から実現される従来のWeb技術について丁寧に説明する．その後，Web上でデータを記述するためのXMLやJSONのデータ形式について述べ，XMLデータベースの技術を説明する．

3章では，Web上でリソースとその属性，リソース間の関係を記述するためのRDF（resource description framework）の技術を詳しく説明する．RDFはリソースに関して記述するリンクトデータのデータモデルであり，セマンティックWebの中核技術である．まずはRDFデータモデルの基本的概念を説明し，その後にXMLやJSONなどによるRDFのデータ形式を解説する．

4章では，セマンティックWebの共通語彙をいくつか紹介する．人のネットワークを記述するFOAF語彙，知識構造を記述するSKOS語彙，Webメタデータを記述するDC語彙を説明する．さらに，ビジネス，e–コマース，ソーシャルネットワークの共通語彙についても述べる．

5章では， RDFによって作成されたリンクトデータの実例を紹介する．さまざまな専門分野のリンクトデータが存在し，それはデータのWebを実現しているコンテンツそのものである．LODプロジェクトにおいて多くのリンクトデータが公開されおり，クロスドメイン，地理，マスメディア，図書，医療などのリンクトデータを詳細に説明する．

6 章では，関係データベースの SQL にも似た RDF データを検索するクエリ言語 SPARQL の仕様を説明する．SPARQL クエリの実例として，ベンチマークで使われるクエリ文を用いて記述方法と検索プロセスを述べる．加えて，SPARQL を利用する際に，RDF データを大量に蓄積しかつ高速に検索する役割を担う RDF データストアについても言及する．

本書は，読者によって以下のような順序で読み進むことを想定している．

Web 技術の基本から勉強する方： 大学生などこれから Web 技術を勉強する読者は，1 章→ 2 章→ 3 章→ 6 章の順で読むことをお勧めする．1 章を軽く読んだ後に，2 章で Web の基本技術について理解を深める．その後に，3 章と 6 章でセマンティック Web の専門技術について読み進めてほしい．

セマンティック Web 技術のみ勉強する方： すでに Web の基本技術について理解している読者は，2 章を飛ばして 1 章→ 3 章→ 4 章→ 5 章→ 6 章の順で読んでも構わない．3 章がセマンティック Web 技術の中核であり，4 章で共通語彙，5 章でリンクトデータ，6 章でクエリ検索について学ぶ．

リンクトデータの実例に関心がある方： セマンティック Web やオープンデータの専門家でリンクトデータの実例について特に関心がある場合は，4 章と 5 章だけ読んでもよい．これらの章では，他書では見られない共通語彙やリンクトデータの内容をページが許すかぎり詳細に説明している．

最後に，本書によってセマンティック Web 技術の理解が深まり多くの方が未来の Web 構想に参加し，Web の発展に寄与できれば幸いである．本書の出版にあたり，武田英明教授（国立情報学研究所），神崎正英氏からは専門家ならではの有益なコメントを頂いた．溝口理一郎教授（北陸先端科学技術大学院大学）には共同研究を通してオントロジーの知識を授かった．この場を借りてお礼申し上げたい．また，本書出版の機会を与えて下さったコロナ社に感謝する．

2016 年 12 月

兼岩　憲

目　　　次

1. セマンティック Web とは

2. Web とデータ

3.　セマンティック Web 技術と RDF

4.　セマンティックWebの共通語彙

5. リンクトデータ

6.　SPARQL

1 セマンティック Web とは

ネットワーク上で分散された情報を多数の専門家が共有するために，ティム・バーナーズ=リーによって Web の基礎が発明された．その後， Web サービスは爆発的に普及して専門家から一般人までがあらゆる情報を Web から入手でき，テキスト，画像，音声や動画などのさまざまな形式で情報を入手したり発信したりできるようになった．しかし，現在でも Web 情報の中心はドキュメントである．言い換えると，Web の基本技術は HTML によってテキストや付随する画像などをハイパーリンクでつないでその内容を効果的に表示する方法なのである．こうしたドキュメントベースの Web は人間が読んで理解する分には問題ないが，コンピュータが Web ページを巡ってその内容を解釈し自動的にデータ処理するには高い壁が存在する．例えば， 12 という数値があったときコンピュータはそれが人の年齢なのか出張回数なのか，もしくは 1 年間の月数なのかを人間のように文脈から判断するのは難しい．また，ドキュメント中の「猫」という単語が近所にいる特定の野良猫を表しているのか，猫というクラス（猫の個体集合を意味する概念）を表しているのか判断できないかもしれない．

ドキュメント内の情報がコンピュータにとって扱いやすい構造的なデータとして Web 上に存在すれば，少ない計算コストで高度なデータ処理ができる．この構造的なデータは機械学習やデータマイニングの手法によってドキュメントから抽出されたものでも構わないし，従来のデータベースから自動作成したものでも構わない．

セマンティック Web はデータの Web とも呼ばれるように，ドキュメントの Web を超えてデータ中心の Web を実現しようという構想である．データ中心の Web は，大きく二つの方法で実現される．一つは，従来のドキュメントベースの Web 内に意味データを内在的に組み込むことで，コンピュータがドキュメントに関する意味データを獲得できるようにする方法である．もう一つは，Web ページのドキュメント以外に，リンクトデータと呼ばれるグラフ構造データを別途 Web サーバで管理して，Web 上に分散した多くのデータセットをたがいにリンクさせる方法である．近年，後者の方法によって数百億規模のトリプル（リンクトデータ内の単位をトリプルという）からなるメディア，地理，政府，出版，ライフサイエンス，ユーザコンテンツなどのさまざまな分野のリンクトデータが Web 上に展開されている．このようなリンクトデータの増加は明るいニュースであり，今後データの Web（セマンティック Web）が普及する上で最も重要であることは間違いない．

このように，セマンティック Web は Web 規模のデータベースを実現しようというとらえ方もできる．Web 上でデータを扱う難しさは，異なる人や組織によって作成されたデータセットをどうやってグローバルな Web 環境で管理し利用するかにある．まず，Web だけではなく世の中に存在するすべてのリソース[†1]を URI でグローバルに名前づけする．その結果，URL が一意にリソースの場所を表していたように，URI が一意にリソースの名前を示す．さらに，HTML のタグのように皆が共通で使う語彙を決めてメタデータ[†2]を記述することにより，世界中のデータの属性や意味がわかるようになる．その上，RDF というグラフ構造のデータモデルにより，データベース設計がスキーマレスになり別々につくられたデータでも容易に統合可能となる．この結果，Web がもつグローバルで世界中に分散された情報共有の枠組みを損なわずに，コンピュータが分散データを融合し利活用する大規模なデータ空間が実現される．

[†1] Web 上の文書や情報とともに Web 上にない人やものなどを含めて対象物すべてをリソースという．

[†2] メタデータは，データについて記述するデータのことをいう．

1.1 データとセマンティクスによる Web 空間

セマンティック Web は，新たな Web を生み出すわけではなく，従来の Web を残しながら拡張させた結果といえる．その構想から十年以上経過してさまざまな技術や標準化が提案されてきたが，既存の Web と同様に必然的な技術だけが生き残っている．すなわち，データを中心とした未来の Web に不可欠な要素を考えれば，それがセマンティック Web を実現する．

1.1.1 データの Web

セマンティック Web は一言でいうと，ドキュメントの Web からデータの Web への進化といえる．現在の Web は画像や動画など視覚的な情報を視聴できて昔とは比べものにならないが，基本的には人間が読むためのテキスト情報のままである．一方，統計データや顧客データなどのブラウザで表示しきれない情報，もしくは表示せず内部的に保持したい情報は Web サーバが SQL などのデータベースで保持している．そのデータベースから必要に応じてクエリ検索をして，HTML 文書に反映して表示させる．

データの Web は，(i) これまで人間しか解読できなかった（または人間用の）テキストをコンピュータが処理できる構造化データにする側面と，(ii) Web サーバに閉じていたデータベースをオープンなデータにする側面，をもつ．

Web ページは紙媒体の書籍などに比べれば，タグやハイパーリンクによってドキュメント内容が一部構造化されている．そうした Web の構造情報を利用して知識獲得などの研究も行われている．例えば，Wikipedia の Infobox は構造化データであり機械可読性が高い．データの Web はさらに一歩進んで，データ構造化の規約を定めて Web 共通の方法でデータを作成する．それにより，データの獲得や解釈が効率的になり再利用と統合が容易になる．このとき，構造的にデータを記述する技術が RDF（resource description framework）である．この結果，Web が大きなデータ空間に変貌し，Web 規模でデータ内容を解釈して処理する有用性は計り知れない．例えば，これまでの検索エンジンのようにユーザがほしい情報の場所を示すだけでなく，超大規模データから意味的に正しい情報や質問の回答などを提示できる．

さらに，個人，企業や公共機関が構築してきたデータベース資産をオープンな形で Web に公開することができる．このとき重要なのが，RDF のような共通のデータモデルへ変換することである．加えて，Web 上の多くのデータが意味的にリンクしていることが推奨される．これがデータの Web を実現しているリンクトデータである．

1.1.2　オントロジーと共通語彙

データベースに格納された実データは，それがなにを意味しているかわからなければ情報や知識として利用できない．例えば，数値 19 は年齢や日付かもしれないし商品の在庫数かもしれない．その他に，名前「太郎」は人やペットの名前かもしれないし，商品名かもしれない．人間ならば文脈である程度判断できるが，コンピュータが意味を判断するにはデータに属性，型やクラスの付与が必要である．そうしなければなんのデータを扱っているかわからず，データ処理に致命的な誤りを生じさせる．

オントロジーは，属性，型やクラスなどの語彙を矛盾なく定義するのに有用である．本来オントロジーとは，人間が現実世界をとらえ事物を解釈してそれらの概念を体系化したものである．コンピュータ科学や情報学の分野では，概念や語彙の意味を定義するためにオントロジーが用いられる．オントロジーを構築するとき，最もよく使われているのが概念階層である．この概念階層は，概念間の関係を ISA 関係や PART–OF 関係でつなげてできた構造といえる．例えば，概念「犬」は概念「ほ乳類」との間に ISA 関係があり，「ほ乳類」は「犬」の上位概念となる．

Web 上でデータを扱うために，オントロジーで属性，型やクラスの名前を定義して皆が共通語彙として用いる．閉じたデータベースならば属性，型やクラスの名称が独自でも構わないが，データの Web を実現するリンクトデータでは標準化された語彙を使ったほうがよい．そうすれば，例え見知らぬ人や組織が作成した Web データであっても意味を解釈できるようになる．

実際に公開されているオントロジーには，シソーラスや概念辞書のように語彙数が非常に豊富なものから，特定用途に必要なクラスやプロパティを選んで数十個の共通語彙を定義しているものまである．WordNet は，辞書的な位置づけで幅広く単語間の関係を定義しているオントロジーである．YAGO は，DBpedia や WordNet から抽出された大規模オントロジーである．また，Schema.org は人，組織，商品，イベントなどのクラスやプロパティを定義した共通語彙である．その他に，専門性に特化したオントロジーとして，遺伝子オントロジー（gene ontology）などがある．

従来の Web ではドキュメントに含まれる数値や文字列の意味を推定するしかなかったが，セマンティック Web ではオントロジーで定義した属性，型やクラスを付与してデータの意味を明確にする．Web のドキュメント空間をデータ空間へ拡張させるには，こうしたオントロジーの利用は必然である．現在では，軽量オントロジーと呼ばれる比較的に意味構造が単純なものが Web でよく使われている．

1.1.3　セマンティクス（意味論）

セマンティクス（意味論）は，古くは言語学において言葉の意味を研究する分野である．まず日本語や英語などにおいて，単語から自然言語文を構成する規則や特性を対象にする統語論がある．それに対比して，同じ文構造であっても意味が違うように単語や文の意味解釈を対象にする意味論がある．論理学の分野では，命題論理や述語論理などの言語を導入するときに，論理式の統語論（構文）と意味論を形式的に定義する．コンピュータ科学の分野では，最近のプログラミング言語は統語論（構文）だけでなく意味論を定義して理論的基盤を保証している．このとき，構文はプログラムを書くための表現規則であり，意味論はプログラムが意味している操作や動作を数学的な方法で定義する．

セマンティック Web の名称は，ティム・バーナーズ＝リーが情報の意味を考慮していない従来の Web に対して，情報の意味を付与することでコンピュータの Web 処理を高度化させる考えからきている．自然言語文，論理式，プログラムに統語論と意味論があるように，情報やデータにも表現方法とその意味がある．しかし Web では，HTML によってドキュメント構造，ハイパーリンクとレンダリングのような表示を目的とした技術が中心である．そのため Web に不足していたデータの意味構造を記述する技術が，RDF データモデルや Web オントロジー言語（OWL）である．

現在，セマンティック Web が普及段階にあるのは，実際に大規模なリンクトデータが構築されその有用性が高まったことによる．多くのリンクトデータが軽量オントロジーによる浅い意味表現に限定しており，それがデータの大規模化を成功させている．言い換えると，意味構造の深さとデータの大規模化とのトレードオフが重要である．複雑な意味表現は作成と推論のコストを上げるので，大規模なデータには必要最小限の意味構造が与えられるべきである．

従来の Web はドキュメント空間であり，データ空間とはいいがたい．そのため，ドキュメントの Web がデータの Web へ変貌するために，オントロジーで定義されたクラス，属性や関係（プロパティ）の語彙を付与して Web からデータの意味を解読できるようにする．それを踏まえると，メタデータ（データを説明するデータ）やオントロジーが Web 情報におけるセマンティックスといえる．

1.1.4　巨大データベースと Web

データの Web というように，従来の Web が巨大な知識をもつデータベースへ移行しようとしている．しかしながら，データの Web は巨大データベースと従来の Web を単に合わせただけという間違った理解がある．データの Web を実現するには，両者の根本的な違いと不足部分を理解する必要がある．データの Web は，単に Web サーバにデータベースを構築すればよいという話ではなく，Web 規模でつながったデータ空間をつくることである．

通常，データベースは分散された人や企業が構築するもので，世界中の情報を一つのデータセットに集めることは現実的ではない．もし仮に超巨大なデータベースを作成するだけの記憶装置があったとしても，以下のようにさまざまな問題や困難が発生する．

- 異なるスキーマ設計によるデータベースを統合する難しさ
- データの増大によるスキーマ変更
- グローバルかつ固有の名前づけの問題
- 関係データベースなどのデータモデルはデータ統合が困難
- データベース内における外部リンクの不足

これらの問題により，世界中のデータを一元管理することは不可能である．データは世界中で分散してつくられるもので，それぞれの作成者の設計思想でデータベース化される．そのため，異なるスキーマ設計で構築されたデータベースを統合するのは非常に困難である．特に，汎用的に使われている関係データベースは，統合に不向きなテーブルに固定化されたデータモデルである．しかも同じ人が作成したデータベースでさえ，時間経過とともにデータが増えてスキーマの変更が余儀なくされる．これは Web 空間のような動的にデータが変更され増大する環境では致命的になる．

さらに，データベースではそれぞれ独自の名前が付けられる．データでも数値や文字列には名前は要らないが，オブジェクト（インスタンス），クラス，属性や関係（プロパティ），データベースには名前が必要である．分散したデータベースにおいて，同じ名前が別の目的に使われたり，わずか数文字違いの似たような名前が乱立したりする．こうした名称の問題は，異なるデータベースの統合や相互利用をいっそう難しくする原因にもなる．

一方，Web は世界中で不特定多数の人々が Web コンテンツを作成することを想定している．こうした Web の環境は，データベースのいくらかの問題を解決する．しかし先に述べたように従来の Web は基本的にドキュメント中心であり，データとして解読するには不十分な点が残っている．そのためデータの Web では，Web 環境を生かしながら Web 上でデータベースのような機械可読性やデータ処理を強化する．実際，データベースのようにクラスや属性を付与してデータ内容を解読可能にする．そのとき，URI によってグローバルでも衝突しない名前づけがなされる．さらに，データ統合がしやすいスキーマなしのグラフ構造モデルでリンクトデータを作成する．

データの Web では，セマンティック Web 技術により Web が備えたグローバルな分散情報システムの環境上に，データが相互にリンクしたデータ空間を構築する．したがって，URI の冗長性，RDF のグラフ構造，オントロジーによる共通語彙は，いずれもデータの Web に必然的な要素と考えられる．

1.2 セマンティック Web の応用

現在，セマンティック Web の技術を用いて機械可読な構造化データが Web に広がっており，その普及と共にセマンティック Web の応用が実現しつつある．

1.2.1 リンクトデータ

セマンティック Web 技術の RDF データによって，リンクトデータと呼ばれるデータ空間が Web 上に構築されている．図 **1.1** は LOD (linked open data) プロジェクトのデータ群を表した図の一部である．図中の各ノードが一つのデータセットを構成しており，たがいに外部リンクによって意味的に連携している．

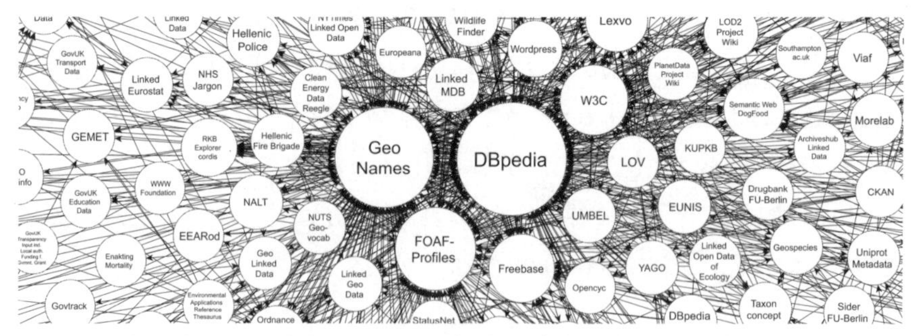

Linking Open Data cloud diagram 2014, by Max Schmachtenberg, Christian Bizer, Anja Jentzsch and Richard Cyganiak. http://lod-cloud.net/

図 **1.1**　LOD クラウド図の一部

一つだけで 100 万個以上の事物を含む大規模なデータセットがいくつも構築されている．

リンクトデータは，セマンティック Web 技術で最も成功している応用例である．実際に，人物，場所，組織，作品（映画，音楽，書籍など），商品，医療などのさまざまな分野のリソースがリンクトデータで記述されている．例えば，DBpedia はクロスドメインのあらゆる事物が対象となる百科事典的なデータである．GeoNames は地名や組織の場所などを表すデータで，FOAF（friend of a friend）は人々のプロファイルとネットワークを示すデータである．その他に，それまで組織に眠っていた多くのデータも，共通語彙を用いたリンクトデータへ変換されてオープンな形で公開されている．

現在 Web 上には，非構造化データ（自然言語文など）と構造化データ（リンクトデータなど）の両方が存在する．そのときリンクトデータは，非構造化データの自然言語文から情報を抽出する際にも有用なメタデータとなる．リンクトデータが，Web のドキュメントから抽出した情報や知識を構造化データへ書き換える役割も担う．この結果，Web 規模で構築されたリンクトデータが，直接的にも間接的にも Web 情報を可読性の高い知識の源へ導くことが期待される．

1.2.2 Rich Snippets

セマンティック Web の RDF データは，従来の HTML 文書内に埋め込むことが可能で，その方法には RDFa，Microdata，Microformats などがある．これらにより Web コンテンツに構造化データが内在的に含まれ，検索エンジンがそうした構造化データを解読して検索結果に反映するサービスがある．これは検索エンジンがハイパーリンクと Web ページに出現する単語と共に，新たに RDF によるメタデータを検索に利用する試みである．

Google 検索エンジンは，入力キーワードを含む Web ページを探し出してキーワードと関連性が高く重要な順に Web ページのリストを表示する．Rich Snippets† は Google 検索エンジンを拡張した機能であり，Web ページの検索

† https://developers.google.com/search/docs/guides/mark-up-content

に RDFa，Microdata，JSON–LD の構造化データを用いて検索結果を表示する．主に商品，料理レシピ，レビュー，イベントなどの情報を対象にして，検索結果の Web ページリストに属性データを追加表示する．

例えば，Google 検索エンジンを使って，「`sushi bar`」と「`Tokyo`」のキーワードで検索すると東京のいくつかの寿司店の Web ページが検索される．図 **1.2** は，それらの Web ページのうち食べログの `SHARI THE TOKYO SUSHI BAR`（シャリザトーキョースシバー）のページが表示されている例である．この結果は，ページへのリンクとともに，Rich Snippets の拡張機能によりレビュー評価が 3.5 で表示されている．

図 **1.2**　Rich Snippets による検索結果の表示

同様に，映画の The Godfather（ゴッドファーザー）を検索すると，Rich Snippets によりレビュー評価付きの検索結果が表示される (図 **1.3** の上から 3 番目)．この Web ページは，IMDb（インターネット映画データベース）のサイトである．IMDb の HTML 文書には，以下のような Microdata が埋め込まれている．すなわち，Web ページの作成者が RDFa や Microdata のような構造化データを埋め込みさえすれば検索結果にそれが反映される．

Google The Godfather

すべて 画像 動画 ニュース ショッピング もっと見る ▼ 検索ツール

約 14,400,000 件（0.75 秒）

ゴッドファーザー (映画) - Wikipedia
https://ja.wikipedia.org/wiki/ゴッドファーザー_(映画) ▼
ゴッドファーザー』(原題: The Godfather)は、1972年に公開されたアメリカ映画。監督はフランシス・フォード・コッポラ。マリオ・プーゾの小説『ゴッドファーザー』の映画化作品。公開されると当時の興行記録を塗り替える大ヒットになり、同年度のアカデミー賞 ...
マーロン・ブランド - ゴッドファーザー PART II - アル・パチーノ - ロバート・デュヴァル

ゴッドファーザー - Wikipedia
https://ja.wikipedia.org/wiki/ゴッドファーザー ▼
ゴッドファーザー』(The Godfather)は、アメリカの作家、マリオ・プーゾが、1969年に発表した小説。それを原作とした映画が1972年に公開された。ゴッドファーザーのロゴ. 目次. [非表示]. 1 ストーリー; 2 映画(1972年 - 1990年). 2.1『Part I』(1972年); 2.2 ...

The Godfather (1972) - IMDb
www.imdb.com/title/tt0068646/ ▼ このページを訳す
★★★★★ 評価: 9.2/10 - 1,150,047 票
Directed by Francis Ford Coppola. With Marlon Brando, Al Pacino, James Caan, Diane Keaton. The aging patriarch of an organized crime dynasty transfers control of his clandestine empire to his reluctant son.

図 **1.3** Rich Snippets による検索結果の表示 2

```
<div itemtype="http://schema.org/AggregateRating"
    itemscope itemprop="aggregateRating">Ratings:<stron
g><span itemprop="ratingValue">9.2</span></strong></div>
```

div タグ内に itemtype，itemscope と itemprop の属性が，span タグ内に itemprop 属性が書き込まれている．itemtype の属性値には Schema.org の共通語彙である AggregateRating が用いられて，内容が総合評価であるとわかる．span タグ内では itemprop の属性値が ratingValue であるので，テキスト要素に書かれた 9.2 が評価値を意味する．HTML 文書に内在するこれらの属性は，ブラウザが直接表示しないメタデータである．

このように各 Web ページに RDF によるメタデータが埋め込まれ，それを応

用した検索サービスを実現している．特に，レストランや映画などの情報は顧客と商品をつなげるため商業的に有用性が高い．これはセマンティック Web 技術による構造化データを商品やサービスの提供者が自身の Web ページに埋め込むインセンティブになる．

1.2.3 ナレッジグラフ

ナレッジグラフ†は，人物，作品，場所などの事物間の関係性を用いて知識のリンクを実現する試みである．ある知識が別の知識へつながり，ユーザが求める知識の発見を促すことを目的にしている．図 **1.4** は，ナレッジグラフをイメージした知識のリンク構造である．`Da Vinci`（ダビンチ）で検索すると，関連する知識のモナリザ，ミケランジェロ，イタリアがリンクされている．それらは作品，芸術家，生誕地を意味しており，多様な関係性がデータ化されている．旧 FreeBase（Wikidata へ統合）は大規模リンクトデータの一つで音楽，映画，イベントなどのメタデータが充実しており，それを用いてナレッジグラフを強化している．

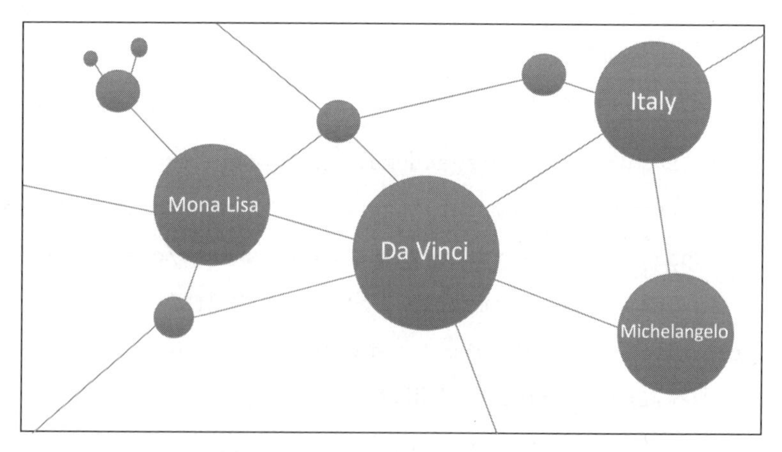

図 **1.4**　ナレッジグラフのイメージ図

† https://developers.google.com/knowledge-graph/

Google 検索エンジンは，ナレッジグラフを頭脳として活用して検索エンジンを進化させている．ナレッジグラフにより，検索エンジンは知識エンジンとなり，キーワードで入力した対象の構造化データを表示する．例えば，キーワード「徳川家康」で検索すると，従来の Web ページリストに加えて，**図 1.5** のような徳川家康に関するデータが表示される．最初に，徳川家康の画像が表示された下に人物に関する説明が自然言語文で書かれている．その後に，1543 年 1 月 31 日に愛知県岡崎市で生まれ，1616 年 6 月 1 日に静岡県静岡市で死亡したことがわかる．加えて，家康の妻や子などの名前も記述されている．これらの構造化データは，Web 上でリソース（事物など）を一意に示す URI とその属性値により記述されている．徳川家康のプロファイルは，リソースの「徳川家康」に対して属性（プロパティ）の「生年月日」，属性値（プロパティ値）の「1543 年 1 月 31 日」のペアにより構成される．

徳川家康（とくがわ いえやす）

徳川 家康、または松平 元康は、戦国時代から安土桃山時代にかけての武将・戦国大名。江戸幕府の初代征夷大将軍。三英傑の一人で海道一の弓取りの異名を持つ。家系は三河国の国人土豪・松平氏。永禄9年12月29日に勅許を得て、徳川氏に改めた。松平元信時代からの通称は次郎三郎。幼名は竹千代。ウィキペディア

生年月日: 1543年1月31日
生まれ: 愛知県 岡崎市
死没: 1616年6月1日, 静岡県 静岡市
埋葬: 静岡県 静岡市 久能山東照宮
配偶者: 朝日姫 (1586年 - 1590年)、築山殿 (1557年 - 1579年)
子: 徳川秀忠、松平信康、結城秀康、松平忠輝、徳川義直、徳川頼房、督姫

図 1.5　徳川家康のプロファイル

図 1.5 の下には，徳川家康と関連性の高い他の戦国武将のリストがある．左から，豊臣秀吉，織田信長，石田三成の画像と名前が表示されている．これらの構造化データは，属性と値のペアというよりも，リソース「徳川家康」に対して関係づけられた別リソース「豊臣秀吉」などにより構成されている．このような情報は，徳川家康のリソースから別のリソースへのリンクとなって知識から知識への（意味的）連想を実現する．

1.2.4　IBM ワトソン

IBM ワトソン[†]は，高い計算機能力を駆使して自然言語処理（NLP）と機械学習の手法によって実装された人工知能システムである．人間からの幅広い専門分野に関する質問（自然言語文による質問文）を受けて，正しい答えを返すことができる．アメリカのクイズ番組でチャンピオンに勝利したことが話題となり，NHK のサイエンス番組などでも紹介されている．

IBM ワトソンの実現は，自然言語処理や機械学習などの技術によって実現されているがそれだけではない．一昔の人工知能システムと比べて状況を一変させているのは，現在では Web をはじめとする膨大なデータが存在することにある．IBM ワトソンは，従来の構造化されていない文書に加えて構造化されたリンクトデータ（RDF データ）やオントロジーも活用している．具体的には，セマンティック Web 技術で作成されたリンクトデータの DBpedia，オントロジーの YAGO などが用いられている．

質問応答システムは，人工知能がパズルを解いたりチェスで人間に勝利するのとは少し方向性が異なる．質問に答えるには，あらゆる分野を網羅するような膨大なデータを構築して，そこからいかに正しい答えを探すかが重要となってくる．これは Web 空間が不特定多数によって情報を増大させて，そこから人々が情報を得る様に似ている．そのとき正しい情報を得るためには，セマンティック Web 技術による Web のデータが生かされる．しかしリソース URI の一意性，リンクトデータの構造化データ，共通語彙やオントロジーによるメ

† http://www.ibm.com/smarterplanet/us/en/ibmwatson/?lnk=404

タデータがなければ Web 上で巨大データが作成できない．それにより人工知能システムが正しい検索結果を得られなければ，正しく質問に答えられないのである．

1.2.5 ライフサイエンス

生物学・生命科学ではデータベースの構築と分析が非常に盛んであり，同分野と情報科学を合わせたバイオインフォマティクス（生命情報科学）という専門分野がある．遺伝子やタンパク質に関する科学的な発見は，科学論文誌で発表するとともに大規模データベースに登録して研究者の間で共有されている．特に塩基配列やアミノ酸配列などは，世界規模のプロジェクトとして進められていることから広くデータを共有しなければならない．

そうした背景の中で，セマンティック Web 技術を使って生物学・生命科学のデータベース構築が盛んに行われている．世界規模のデータ構築となると，Web のデータと同じようにオントロジーや語彙を共通化することが必要不可欠である．代表例として，遺伝子オントロジー（gene ontology）などが規定されている．このオントロジーや共通語彙を用いて分類された概念を用いて，遺伝子データや論文データにメタデータが付与される．UniProt は，タンパク質のアミノ酸配列に関する大規模データベースである．遺伝子オントロジーと UniProt は，いずれも RDF 形式でデータを公開している．国内では，理化学研究所が生物種，細胞，遺伝子，タンパク質などの語彙に関するオントロジーやインスタンスデータを RDF 形式で公開している．

2 Webとデータ

セマンティック Web は，従来の Web 技術を基盤にして実現される．そこで本章では，インターネットにおける Web の基本技術（URI, HTTP, HTML など）を説明する．また，Web 環境でデータを交換するデータ形式として XML や JSON を紹介し，さらに XML データベース技術を説明する．

2.1 Web 技術

WWW（world wide web）は，ハイパーテキストによってインターネット上でドキュメントをリンクでつなげた分散情報システムである．1990 年ごろ，当時 CERN（セルン）欧州原子核研究機構の研究員だったティム・バーナーズ＝リーによって Web の原型が提案された．インターネットを介していくつかの Web ページを多人数で閲覧して情報共有するために，TCP/IP アプリケーション層において Web ブラウザと Web サーバとの間で HTTP 通信が行われる．

Web はインターネットと以下の三つの基本技術からなっており，大きな進歩を遂げた現在の Web でもその本質は変わらない．

URL：Web ページの場所

HTTP：Web アクセスのプロトコル

HTML：ハイパーテキストマークアップ言語

URL は，インターネットというとてつもなく大きなネットワーク上でグローバルに Web ページの場所を一意に表している．HTTP は，Web サーバと多数のクライアントとの間の通信を可能にしている非常にシンプルな通信プロトコルである．また，HTML は単純化されたハイパーリンクを備えたマークアップ言語で，タグによって Web ドキュメントの構造と表示方法を記述するとともに，他の Web ドキュメントとのリンクを設定する．

Web ブラウザは Web サーバとの間で通信を行い，HTML で記述された Web ドキュメントを解析して表示する．Mosaic（モザイク）はイリノイ大学でマーク・アンドリーセンが開発した Web ブラウザで，現在使われているブラウザの原型といわれている．その特徴は，（いまは当り前だが）本文にインラインで画像を表示できる点にあった．それまで画像は別ウィンドウで表示され見やすいものでなかった．Mosaic は，その後 Netscape Navigator として改良され爆発的に普及した．その流れを汲んだ現ブラウザには，Internet Explorer（IE），Firefox，Chrome，Safari などがある．

2.1.1 インターネット

インターネットは世界中のネットワークをつなげるネットワークであり，組織などに構築されるローカルエリアネットワーク（LAN）を広域エリアネットワーク（WAN）でつないで構成される．インターネットのサービスには，電子メール，WWW（world wide web），IP 電話，FTP（file transfer protocol）のファイル転送，コンピュータの遠隔操作を行う telnet などがある．

インターネットの原型は，1969 年にアメリカの高等研究計画局（Advanced Research Project Agency，ARPA）†において，世界初のパケット交換式ネットワーク：ARPANET（アーパネット）によるコンピュータネットワークとして誕生した．それまでは，電話回線を利用した回線交換式ネットワークだったため交信に時間がかかりすぎる欠点があった．

インターネットは，さまざまなレベルの技術から成り立っている．物理的なデータ転送を行うハードウェアや通信機器のレベルでは，信号伝送（イーサネットなど），物理アドレスの MAC アドレス（media access control address）があ

† 現在の名称は，国防高等研究計画局（Defense Advanced Research Project Agency，DARPA）である．

る．MAC アドレスは，ネットワーク上のデータ転送でネットワーク機器（LAN カードなど）の識別子として割り当てられている固有アドレスである．

論理的なデータ転送では，パケット通信によってデータをパケット（小包）という一定サイズのデータに分けてデータ伝送する．この利点は，大きなデータがネットワークを占有することなく，データの破損や消失が部分的でデータ再送にも優位な点である．しかしパケットごとの付加情報がデータ量を増やし，音声や動画の通信などでは遅延を生じてしまう欠点がある．

インターネットでは，信号送信レベルからアプリケーション上の通信までを階層構造で分類して必要な機能や通信プロトコルが体系的に規定されている．TCP/IP ネットワークアーキテクチャは，つぎの四つの階層から構成される．

第 1 層 ネットワークインタフェース層：物理的なデータ転送（信号伝送により隣接機器へのデータ転送を行う）

第 2 層 インターネット層：論理的なデータ転送（ネットワーク間でパケット送信のルーティングにより IP アドレス先へデータ通信を行う）

第 3 層 トランスポート層：発信元から着信先まで（End–to–End）の信頼性の高いデータ通信

第 4 層 アプリケーション層：電子メール，WWW，FTP，telnet など

このような階層構造は，各階層（レイヤ）の仕様が他の層に影響を及ぼさないように，必要な機能を複数の段階に分けて定義する．ネットワークや Web の規格を決めるとき，各階層で障害対応や機能拡張がしやすい．

インターネットでは，ネットワーク上のノードを一意に特定するために IP アドレス（32 ビットで表された固有アドレス）というソフトウェアアドレスがある．この IP アドレスにより送信元と送信先が認識され，バケツリレー方式でルータによってデータ送信される．ルータは，データを宛先まで送信するためにネットワークへの最適な経路を選んでパケットを転送する．

〔1〕 ドメインネーム　　IP アドレスは数字によって表されているが，それを人でも直感的に読みやすい表現にしたのがドメインネームである．以下は，ドメインネームの例である．

`www.uec.ac.jp`

`kaneiwa@uec.ac.jp`

このドメインネームから`www`はWebサーバ，`uec`は電気通信大学であることが読み取れる．ドメインネームは，異なるレベルのドメインをピリオドで区切った文字列で表される．各レベルのドメインは，以下のように分類されている．

トップレベルドメイン（TLD）：

ccTLD（country code TLD）：jp（日本），uk（イギリス），au（オーストラリア），cn（中国），de（ドイツ）などの国名

gTLD（generic TLD）：com（commercial，商用），net（ネットワーク），edu（教育），org（非営利団体）などの分野名

セカンドレベルドメイン（SLD）：ac（学術機関），co（営利組織），go（政府団体）などの組織種別名

サードレベルドメイン（3LD）：yahoo（Yahoo），google（Google），uec（電気通信大学）などの組織名

トップレベルドメインであるgTLDやccTLDは，非営利団体ICANN（Internet Corporation for Assigned Names and Numbers）により管理されている．こうして**図 2.1**のように，ドメイン名前空間を階層的につくり上げている．各レベルのドメインネームは上位のネームサーバで管理されており，名前解決によってドメインネームとIPアドレスを対応させることができる．

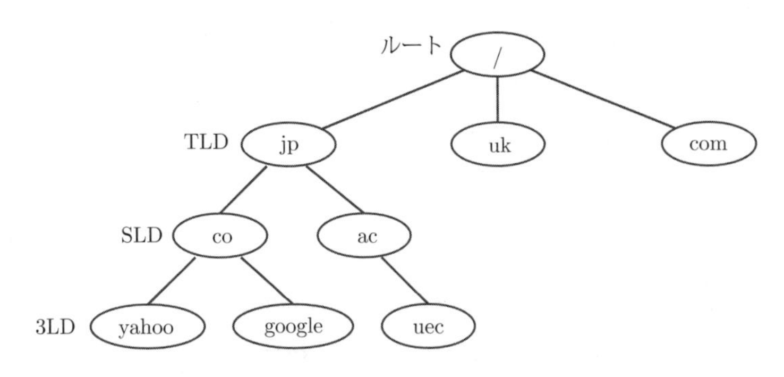

図 2.1 ドメイン名前空間の構造

2.1.2 URL と URI

URL（uniform resource locator）は Web サイトのアドレスであり，インターネット上の場所を一意に示す表現方法である．

URL：Web サイトのアドレス表現

URI：Web リソースの識別表現

URN：リソースの永続的な名前表現

URL はアドレスであるので，Web 上に場所が存在する Web サイト以外のものを識別するには不便がある．そこで Web の場所に限らないで広くリソースを一意に識別する表現方法として，URI（uniform resource identifier）が規定された．**図 2.2** で示しているように，URI は従来の場所を示す URL を包含して広い意味でリソースを識別している．一方，場所ではなくリソースそのものを識別する名前として URN（uniform resource name）があり，これも URI に包含される．

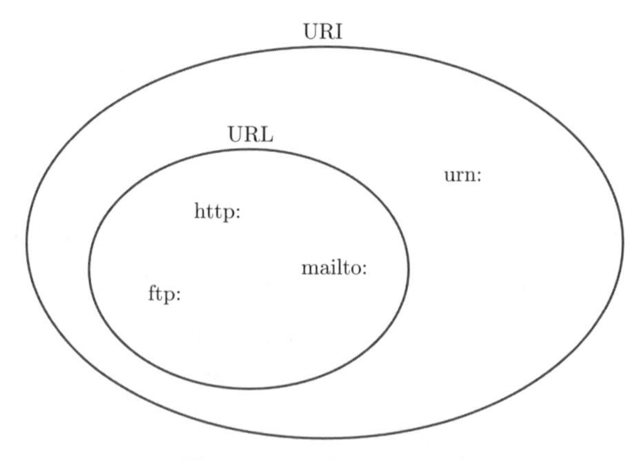

図 **2.2**　URL と URI の関係

例えば，以下が URL，URI と URN の例である．

URL `http://www.sw.cei.uec.ac.jp/index.html`

URI `http://www.sw.cei.uec.ac.jp/k-lab/`

URN `urn:isbn:4274207455`

このURLは兼岩研究室のWebサイトのアドレスを示しており，URIは兼岩研究室というリソースを示している．また，URNはその一例として特定の書籍を識別するISBN（international standard book number）番号を示している．

URIの記述は，**図2.3**に示すようにASCII文字列によってアルファベット，数字，記号で表される．その文字列の長さは，ブラウザによって制限が決められている．URIの先頭部分のスキームは，利用する通信プロトコルなどを示す．これはICANNの下部組織IANA（Internet Assigned Numbers Authority）において登録・管理されており，スキームにはftp，httpやtelnet（プロトコル），mailto（電子メールの宛先），news（ネットニュース），file（ディレクトリやファイルの参照）などがある．ホスト名は，ドメインネームまたはIPアドレスにより記述する．パスは，ホスト内におけるリソースの位置を示す．

図2.3 URIの構成

このようにURIは，スキーム，ホスト名とパス名をつなげた文字列で，ブラウザなどがそれを分割して利用する．ここで重要なのは，従来はユーザがプロトコルを指定して，ホスト名を入力してサーバにアクセスしログインして，さらに特定のパスにあるリソースへたどり着く必要があった．それがURIにひとまとめにすることで，ユーザは煩雑なプロセスを意識せずに済む．すなわち，URIの利便性は識別子とプロセスの二つの情報を併せもつ点にある．

さらに，**図2.4**は図2.3に省略可・追加の情報を加えた完全なURIの構成である．この記述には，省略されているユーザ情報（ユーザ名とパスワード）とポート番号80が含まれている．また，Webページが提供する検索サービスなどにキーワードを送るためにクエリパラメータがある．URIフラグメントは，リソース内部のローカルな位置を示す．それにより，HTML内のタグのid属

図 **2.4**　URI の構成 2

性の値を指定して，ブラウザが HTML 文書の先頭ではなく途中の位置から表示できる．

URI に含まれるスキームやホスト名を省略して，パス名のみで示す URI を相対 URI といい，省略なしの URI を絶対 URI という．例えば，ベース URI `http://www.uec.ac.jp/info/`に対して，相対 URI `image/a1.jpg` は絶対 URI `http://www.uec.ac.jp/info/image/a1.jpg` を意味する．

2.1.3　HTTP

HTTP（hypertext transfer protocol）通信は，Web にアクセスするクライアント側と Web サーバ側との間で通信をしてハイパーテキストのデータ転送を実現する．**図 2.5** に示すように，まずユーザがインターネットを介して Web サーバにアクセスして通信が始まる．具体的な Web ブラウザと Web サーバの間の通信手順は，つぎのようである．最初に，(a) ユーザが Web ブラウザで URI を入力して，(b) Web ブラウザから Web サーバへ HTTP リクエストを

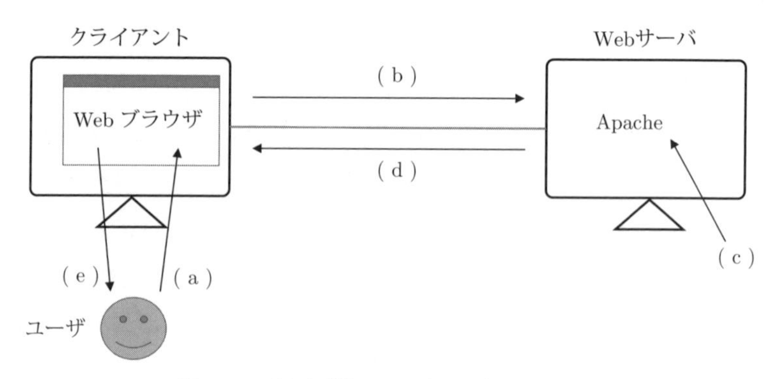

図 **2.5**　ブラウザと Web サーバとのアクセス

送信する．その結果，(c) Web サーバがリクエストメッセージを受信して，(d) Web サーバから Web ブラウザへ HTTP レスポンスとデータ（HTML ファイル，画像ファイルなど）を送信する．(e) Web ブラウザが受信したデータを読み込み解釈して，ユーザにコンテンツを表示する．

HTTP の仕様は，つぎのようにしてバージョンアップが行われている．

HTTP/0.9：ヘッダなし，GET メソッド

HTTP/1.0：ヘッダの導入，GET 以外のメソッド導入，クッキー

HTTP/1.1：キープアライブ，プロキシ対応，キャッシュの制御

HTTP/2.0：Web 読込みの高速化とセキュリティ強化

初期の HTTP/0.9 は GET メソッドで HTML ファイルを要求するだけで，ヘッダ情報をもたなかった．HTTP/1.0 では，GET 以外のメソッドとヘッダが追加されて通信のための機能が強化された．HTTP は，セッションステートレス性をもつプロトコルである．セッションステートレスとはセッション状態を保存しないことをいい，そのためセッションの開始・終了を判断できず毎回のアクセスが初めてと見なされる．したがって，Web サーバからクライアントを特定できないので，オンラインショッピングなどで多くのアクセスから Web サーバがユーザを認識する情報のクッキーが導入された．HTTP/1.1 では，クライアントと Web サーバの接続を維持してこれまで接続を切断していた複数のデータ送信を継続するキープアライブ技術により，複数ファイルからなる Web コンテンツの受信が効率的になる．HTTP/2.0 は十数年ぶり更新されたバージョンで，Google の SPDY プロトコルを基に複数リクエストやヘッダ圧縮によって Web ページの読込みが高速化されている．

〔1〕 **HTTP メソッド**　HTTP 通信は，クライアント側から Web サーバへ Web コンテンツ送信を要求して開始され，それを HTTP リクエストという．クライアント側からの HTTP リクエストには，以下の HTTP メソッドが用いられる．

GET：サーバに対してリソース送信を要求

Web アクセスの基本は，GET メソッドを用いた HTTP リクエストである．以

下は HTTP リクエストメッセージで，HTML ファイル送信をサーバに要求する例である．アプリケーション層で送受信される HTTP メッセージは，TCP ヘッダを付けたセグメントに分割されてトランスポート層へ送られる．

```
GET /index.html HTTP/1.1
Host: www.uec.ac.jp
User-Agent: Mozilla/5.0 (Windows)
Accept: text/html
Accept-Language: ja;q=0.7,en;q=0.3
(改行)
```

1 行目のリクエスト行は，スペースで区切ってメソッド名，URI と HTTP バージョンを指定する．2 行目から改行までの各行には，メッセージヘッダを記述できる．4 行目の `text/html` は，要求するコンテンツタイプをタイプ/サブタイプで表した MIME（multipurpose internet mail extension）タイプを示す．MIME タイプは，テキスト，画像，音声や動画などのデータ形式の種別である．5 行目の `ja;q=0.7,en;q=0.3` は，クオリティファクタと呼ばれ言語の優先度が決まる（省略時は 1.0 と見なす）．この場合，日本語を要求しそれが送信できないなら代わりに英語を要求する．改行より下は，メッセージ本体でありこの例では空である．

以上の HTTP リクエストに対して，Web サーバからクライアント側へ Web コンテンツを送信する HTTP レスポンスが返ってくる．以下は，クライアントに送信される HTTP レスポンスメッセージの例である．

```
HTTP/1.1 200 OK
Date: Thu, 18 Nov 2013 00:20:01 GMT
Server: Apache
Content-Type: text/html
(改行)
<!DOCTYPE HTML PUBLIC "-//W3C//DTD HTML 4.01 Transitional
//EN" "http://www.w3.org/TR/html4/loose.dtd">
```

```
<html>
<head>
<title>電気通信大学ホームページ</title>
</head>
<body> （省略） </body>
</html>
```

1行目のステータス行には，スペースで区切ってHTTPバージョン，ステータスコード，応答フレーズが記述される．ステータスコードは，100番台が追加情報，200番台が成功（正常時レスポンス），300番台がリダイレクト，400，500番台がクライアントによるエラー（異常時レスポンス）を意味している．2行目から改行までの各行には，メッセージヘッダが記述される．4行目の `text/html` は，送信データのコンテンツタイプを示す．改行より下のメッセージ本体には，`Content-Type` で指定したHTMLファイルを付与している．ブラウザは，このメッセージ本体を解析してコンテンツを表示する．

GETメソッドの要求により受信したHTMLファイル内で画像データなどへのリンクが参照されていれば，ブラウザは新たなHTTPリクエストを行う．その画像データが別のWebサーバにあっても，情報閲覧するユーザはインタネット上の場所が異なるWebサーバへのアクセスを意識しないで済む．

一方，クライアント側からデータを送信するメソッドが用意されている．

POST：クライアントからサーバへデータを送信

PUT：クライアントがサーバ上のデータを更新・作成

POSTメソッドは，Webサーバ上のプログラムやスクリプトなどに対してデータを送信する．これは掲示板への投稿などのケースに使われ，データ送信後のWebサーバ上でのデータ処理はサーバ次第である．PUTメソッドでは，ファイルのアップロードのようにクライアントがパスとファイル名を具体的に指定してデータを更新・作成する．通常禁止されているが，クライアントがサーバのデータを削除できるDELETEメソッドも用意されている．各サーバが許可しているメソッドは，OPTIONメソッドにより確認できる．

その他のメソッドには，メッセージヘッダのみを取得する HEAD メソッド，送ったメッセージをそのまま返して通信経路をチェックする TRACE メソッド，プロキシ通信制限で送信できるようにトンネリングを要求する CONNECT メソッドがある．

2.1.4　ハイパーテキストとマークアップ

ハイパーテキストは，テキスト内に画像，音声，動画や他のテキストへのリンクポインタを含むことにより，複数の文書を相互に連結する．**図 2.6** に示すように，通常のテキストは複数の文書が一方向につづくので，タイトル，要約，目次や索引を参照して目的の情報にたどり着くしかない．それに対して，ハイパーテキストは文書間のリンクにより，大量の文書であってもリンクをたどっていけば読者の関心に沿って目的の情報を発見できる．一般的なハイパーテキストは参照元へ戻れる双方向リンクであるが，HTML は単方向リンクを採用しそのシンプルさが Web 作成を容易にしている．

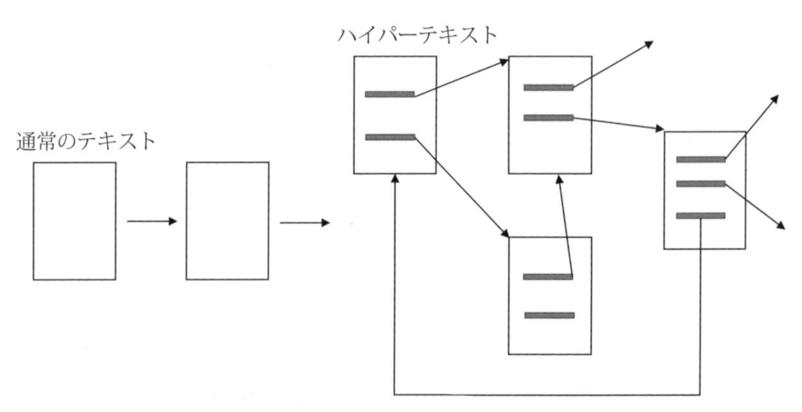

図 2.6　通常のテキストとハイパーテキスト

マークアップ言語は，コンピュータが解読できるマークアップをテキストに埋め込んで文書構造やレイアウトを記述する．マークアップ言語の例には，TEX，SGML，HTML，XML などがある．マークアップは，タグと呼ばれる括弧で括った文字列で記述される．例えば，「`HTML は<em>マークアップ言語</em>`である．」は文の一部を em タグで囲んでマークアップしている．<タグ名>要素内容</タグ名>と記述したとき，初めの括弧が開始タグ，終わりの括弧が終了タグで，その間のテキストにタグの要素内容が書き込まれる．要素をもたない空要素のタグは<タグ名 />と記述する．図 **2.7** に示すように，マークアップされる要素には，改行を含んで記入できるブロックレベル要素と，改行しない範囲でテキストの一部分を対象にするインライン要素がある．

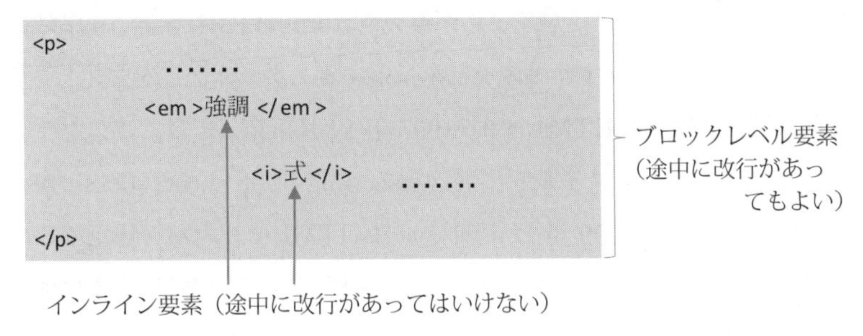

図 **2.7** ブロックレベル要素とインライン要素

さらに，開始タグ内には<タグ名 属性名="属性値" 属性名="属性値">のようにタグに対する属性とその値のリストを付与できる．

2.1.5 HTML

HTML（hypertext markup language）は，インターネット上で情報共用するために開発されたハイパーテキストマークアップ言語である．HTML は，文書構造記述言語の SGML（standard generalized markup language）によって定義された言語に位置づけられる．

〔1〕 **HTML バージョン**　HTML は，Web の普及に伴うさまざまな要望から以下のように更新されている．現在では，Google などの企業が開発した Web 技術が HTML の策定に大きな影響を与えている．

HTML 1.0：ハイパーリンク，画像表示，リスト

HTML 2.0：フォーム

HTML 3.2：スタイル，テーブル

HTML 4.0：スクリプト，スタイルシート

HTML 4.01：HTML 4.0 のバグ修正

HTML 5.0：セマンティックタグ，グラフィックス，マルチメディア

HTML 5.1：HTML 5.0 の一部拡張（画像切替えなど）

HTML 1.0 の初期バージョンは基本機能のみで，ユーザ側から情報を入力する方法がなかった．HTML 2.0（1995 年 11 月策定）では，ボックスやボタンによるユーザ入力を可能にするフォームが導入された．HTML 3.2（1997 年 1 月策定）では，色，背景，文字サイズなどを指定するスタイル記述を強化し，テーブル表現も導入された．HTML 4.0（1997 年 12 月策定）では，プログラムを埋め込むスクリプトやスタイルシート（cascading style sheet，CSS）が導入された．HTML4.01（1999 年 12 月策定）は HTML 4.0 のバグ修正でその後 10 年以上の間更新されなかったこともあり，現在も多くの Web 文書に使われている．HTML 4.0 以降，HTML が文書構造を，CSS がレイアウトを記述して構造に関する記述と見た目のレイアウトに関する記述が明確に分けられている．HTML 5.0（2014 年 10 月策定）は，いくつかのセマンティックタグを追加し，その他に Web が情報メディアの役割を担うため動画配信やグラフィックスの対応を強化した．

HTML 5.0 の仕様は，昔（当初）のテキストと画像を表示する単純なマークアップ言語から Web のアプリケーション化への変貌という方向性をもつ．現在の Web は，ブログ，Wiki のようにユーザが編集可能な Web ページが増えている．また，プラグインによる視覚的表示が拡張されているが，それはブラウザの機能強化にすぎず Flash などは一企業の開発物である．そうした背景から，いまどきの Web に対応した HTML の標準化やオープン化が求められていた．HTML 5.0 では，さまざまな Web アプリケーションのためのマークアップ言語を実現している．モバイル端末やマルチメディア対応のためにタグを拡張し，ローカルストレージ，図形の描画，オーディオやビデオの再生，オフラインサポート，マルチスレッドなどをプラグインなしで標準サポートしている．

HTML 5.0 では，JavaScript が標準スクリプト言語となり，HTML や CSS

と並べて以下のように整理できる.

HTML：文書の構造

CSS：文書の表現・スタイル

JavaScript：文書の振舞い

DOM：文書の木構造モデル

JavaScript は HTML 内に組込み可能なプログラム言語であり，Web ページをインタラクティブな Web アプリケーションにする．HTML からスタイルの記述に特化した CSS が分離されたように，JavaScript が文書の振舞いを記述する一つの機能となる．そのとき，マークアップ言語（HTML）とプログラム（JavaScript）をつなぐ架け橋に DOM（document object model）が用いられる．DOM は，HTML 文書の要素からなる木構造を表した内部モデルである．**図 2.8** は，タグによって構成された HTML の文書構造を表した DOM の例である．例えば，HTML 文書内に`<p id="aisatu">`こんにちは！`</p>`というパラグラフが要素としてあったとする．このとき，JavaScript で以下を実行すれば，DOM を介して「こんにちは！」を「こんばんは！」に書き換えることができる．

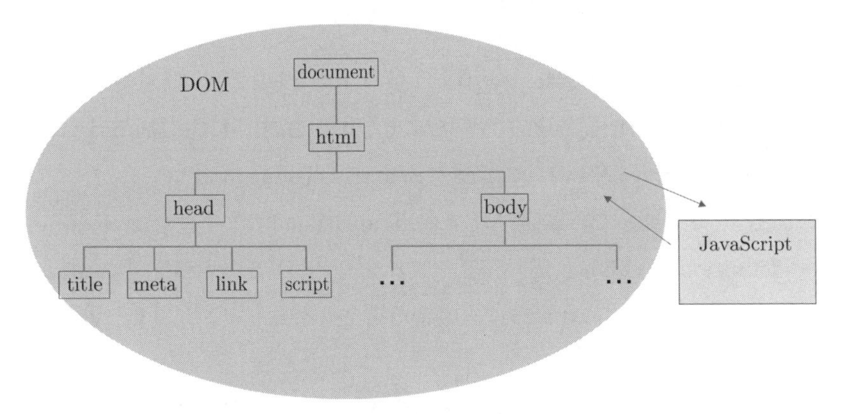

図 **2.8**　DOM による HTML 文書の木構造

```
function rewrite() {
        var node=document.getElementById("aisatu");
        node.innerHTML="こんばんは！";
}
```

〔2〕**HTML の構成要素**　　HTML 文書は図 **2.9** に示すように，DOCTYPE 宣言と html 要素から構成される．

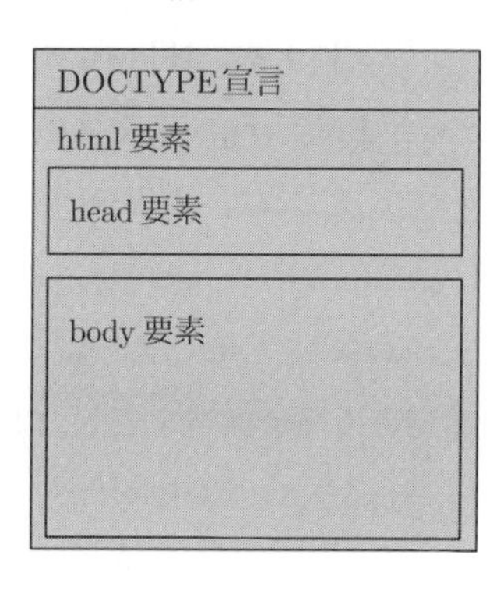

図 **2.9**　HTML 文書の全体構造

DOCTYPE 宣言は，HTML 文書の最初でどのような文書を記述するか宣言する．HTML 5.0 以降では，以下により HTML 文書の最新版を意味する．

```
<!doctype html>
```

現在も残る旧バージョンでは，つぎのような DOCTYPE 宣言が記述されている．

```
<!DOCTYPE HTML PUBLIC "-//W3C//DTD HTML 4.01 Transitional
//EN" "http://www.w3.org/TR/html4/loose.dtd">
```

これは W3C が公開している HTML 4.01 Transitional の文書型定義（document type definition，DTD）に従い，テーブルレイアウトを許す移行型である．その他にも HTML 4.01 の仕様には，厳密な構文の文書型定義，フレームを許す文書型定義がある．

また，HTML を厳密な構造表現に優れた XML 文書として再定義した XHTML（extensible hypertext markup language）では，つぎのように宣言される．

```
<!DOCTYPE html PUBLIC "-//W3C//DTD XHTML 1.0
Transitional//EN" "http://www.w3.org/TR/xhtml1/DTD/
xhtml1-transitional.dtd">
```

XHTML のバージョンは，以下のとおりである．

XHTML 1.0：HTML 4.01 とほぼ同じ

XHTML 1.1：XHTML 1.0 Strict を基に再定義

HTML 5.0 の策定以前には，HTML 4.01 をベースに機械可読性の高い XHTML で Web ページが作成されている．以前のバージョンと互換性をもたない XHTML 2.0 が検討されたが，HTML 5.0 の登場により新たな策定は終了している．XHTML がもつ XML 構文の遵守は HTML 文書をプログラムで解析する際に優位なので，今後も XHTML としての HTML 5.0（すなわち，XHTML 5.0）として存続する道が残される．

html 要素は，HTML 文書の本体であり head 要素と body 要素から構成される．head 要素には HTML 文書に関するメタ情報を記述し，body 要素にはブラウザが表示する HTML 文書のコンテンツを記述する．以下の HTML 4.01 文書例では，head 要素の `title` タグによりタイトルバーやお気に入りに使われる文書のタイトルを示す．

```
<title>タイトル</title>
<meta name="Keywords" content="キーワード" />
<meta http-equiv="Content-Type" content="text/html;
charset=UTF-8" />
<link rel="stylesheet" href="uec.css" type="text/css" />
<base href="http://www.uec.ac.jp/" />
```

`meta` タグは，属性によりメタ情報を記述する．一つ目のメタ情報は，`content` 属性の値が文書のキーワードであることを示す．二つ目は，文書作成者が HTTP メッセージのヘッダに相当するコンテンツタイプと文字コード情報を設定する．`link` タグは，文書に関連するリソースを示す．上記の例では，外部スタイルシートのファイルを示している．その他に，文書間のリンク関係，文書の作者なども URI で表現できる．base タグは，ベース URI の指定を行う．

HTML 5.0 では，meta タグと link タグはつぎのように簡潔になる．

```
<meta charset="utf-8" />
<link rel="stylesheet" href="uec.css" />
```

meta タグは，シンプルに charset 属性の文字コード情報だけになる．また，最新では CSS は標準対応なので link タグの type="text/css"は明記しない．

アプリケーションのタグを強化した HTML 5.0 では，2 次元描画を行う canvas 要素，動画と音声を再生する video 要素と audio 要素が導入されている．また，従来は div タグが文書を区分していたが，セマンティックなタグが追加され意味構造がより明らかになる．例えば，新たな article タグが文書を表して，section タグと hgroup タグが文書内のヘッダと節を構造的に区分して HTML 文書の解析を容易にする．

2.2　Web データ技術

Web は，シンプルかつ強力な情報共有の手段を提供してくれる．しかし，プログラムが Web コンテンツをデータ処理するにはいくつかの不便や問題が生じる．HTML 文書はブラウザで表示して人が読むのに適しているが，コンピュータ間のデータ交換には不向きである．それは HTML の欠点に起因する．HTML 文書はタグにより構造化されているものの，基本的には文章や画像などをブラウザで読むための構造なので，データベースのようにデータの中身が構造化がされているわけではない．すなわち，HTML 文書内の多くの内容は人間が読む言葉で書かれているので，データとしては扱いにくい．

このような理由から，Web 上で利用できる標準のデータ形式が必要と考えられ，1998 年 2 月に XML 1.0 が策定された．すでに文書記述言語 SGML があるが仕様が複雑なため，XML はメタ言語やマークアップ言語などの特徴を備えながら仕様を簡単にしている．メタ言語とは，文書（データ）を定義できる上位の文書（データ）のことをいう．XML は，Web データにかぎらず，ビジネス，科学，法律，医学などのさまざまな分野でデータ電子化の利用が想定されている．

まず，データが通常コンピュータでどのように表現されているか説明する．**図 2.10** は，簡単な商品リストデータを関係データベース（SQL など）やエクセルで作成した例である．1 行目はデータの属性を示し，2 行目以降にメーカー，商品名，値段のデータ値が格納されている．2 行目以降の各行が一つの商品オブジェクトに対応し，計 3 個の商品データが存在する．関係データベースは，われわれが日常扱う表（テーブル）に似ており直感的に理解しやすいため誰にでも作成でき，広く用いられているデータモデルである．しかし，特定のアプリケーションで作成されたデータはインターネット上で再利用するには不便である．したがって，複数のデータをコンマで区切ったテキスト形式の CSV（comma separated value）へ変換すれば，軽量なファイルで転送しやすく，テキストなのでさまざまなアプリケーションから簡単に読み込める．

メーカー	商品名	値段
A機器	カメラN01Z	21000
B電機	電気カミソリS4	10000
C製作所	冷蔵庫R012	60000

図 2.10　関係データベースの例

しかし関係データベースや CSV ファイルには，Web データとして欠点がある．一つは，メタデータ記述に劣りデータの意味表現に向かない点である．データの属性情報はデータ作成者自身や一部の人が使うには十分であるが，オープンデータとして不特定多数の人々が再利用するにはデータ解釈のための意味情報が不足する．もう一つの欠点は，2 次元データは複雑なデータ構造に向かない点である．Web で扱うデータは必ずしも 2 次元にかぎらず，Web ページのリンク構造や組織構成のような複雑な構造も含まれる．

図 2.11 は，図 2.10 の商品リストデータを XML データに書き換えた例である．XML データは，最初のタグをルートとしてタグの入れ子構造により木構造を構成する．**図 2.12** は，図 2.11 の XML データによる木構造を示す．この

```
<商品リスト >
  <商品 >
    <メーカー >A機器 </メーカー >
    <商品名 >カメラN01Z</商品名 >
    <値段 >21000</値段 >
  </商品 >
  <商品 >
    <メーカー >B電機 </メーカー >
    <商品名>電気カミソリ S4</商品名 >
    <値段 >10000</値段 >
  </商品 >
  <商品 >
    <メーカー >C製作所 </メーカー >
    <商品名 >冷蔵庫 R012</商品名>
    <値段 >60000</値段 >
  </商品 >
</商品リスト>
```

図 **2.11**　XML データの例

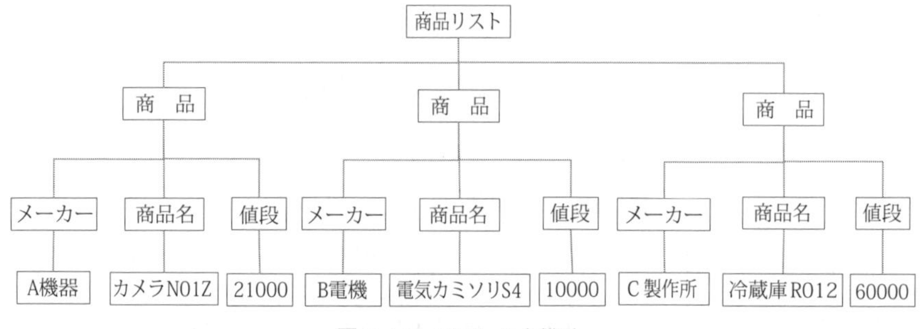

図 **2.12**　XML の木構造

例では，元データが 2 次元なので複雑な構造は不要だが，それでもいくつかのタグが新たな意味構造を表している．例えば，商品データ全体が商品リストタグで括られて木構造のルートとなり，商品タグにより子要素の三つの商品データをもつ．それぞれの商品の子要素には，メーカー，商品名，値段のタグ要素があってデータ値が記述される．

XML のデータ形式は，アプリケーションに依存しない．テキストであるだけでなく，メタ情報がデータ自体に書かれているのでさまざまなプログラムからデータを読み込んで内容を理解して再利用できる．これは，XML が自由に名づけたタグでデータの意味構造が記述できることによる．さらに木構造データは，2次元を超えた高い表現能力で欠損や偏りのある柔軟な構造によって，Web上のソーシャルデータやリンクデータなどを記述できる．ただし，欠点としてデータが冗長でありタグと木構造の解読にXMLパーザが必要である．

XMLと比較したとき，HTMLの優位性は利用者が多く広く普及している点で，なによりもブラウザがあれば簡単に解析・表示できる．しかし問題は，HTMLは人が読むWebページを記述するよう設計された言語なので，データの意味表現に向かない．また，タグ名があらかじめ決まっているので自由に名前が付けられず，メタ情報の記述に不便である．

例えば，先の図2.11で説明した商品リストデータをHTMLで書き換えたのが図**2.13**である．`table`タグを使ってテーブルにより2次元のデータが表され，テーブル内では`<tr>`と`</tr>`で囲まれた範囲に各商品のデータが格納されている．これにより，商品リストが並んで表示される．これは人が読むWebページとしてはなんの問題もない．しかし，コンピュータがデータ処理するときテーブルは2次元構造を表すが，なんのデータが格納されているか解釈できない．苦肉の策として各商品データを`span`タグで区分して，`class`属性に`item`

```
<table>
 <tr>
   <td><span class="item"> A機器 カメラN01Z</span><span
class="price"> 21000 </span>
   </td>
 </tr>
 <tr>
   <td><span class="item"> B電機 電気カミソリS4</span><span
class="price"> 10000 </span>
   </td>
 </tr>
 <tr>
   <td><span class="item"> C製作所 冷蔵庫R012 </span><span
class="price"> 60000 </span>
   </td>
 </tr>
</table>
```

図**2.13** HTMLによる商品リストの記述例

と price の属性値によりメタ情報を書いている．これらの属性は，タグに付与するのでその役割は非常に限定される．

このように元々 Web 表示のために用意された HTML タグを（異なる二つの役割である）表示とメタ情報に使うには無理がある．さらに，関係データベースと同様に 2 次元構造よりも複雑なデータの意味構造を表すにはまったく向かない．

2.2.1 XML

XML（extensible markup language）は，木構造データを記述できるマークアップ言語である．特に，テキストファイルのため読み書きが容易であり，プログラムがデータを解読するとき特定アプリケーション（ワープロソフトなど）に依存せず Web やネットワークとの相性がよい．メタ言語としてタグに名前を付けられることから，言語の拡張性が高い．HTML は人が読む Web 情報の記述だが，XML は人もコンピュータも読めるデータの記述を提供する．HTML と同様に Web ブラウザで表示できるが，データ記述の正しさに対する厳密性から HTML よりも構文チェックが厳しい．また，XML は名前空間を用いて名前（タグ名など）をグループ化する機能があり，異なるアプリケーションでやり取りされるデータで生じる名前の衝突を回避できる．

〔1〕タグと木構造データ　HTML では決まったタグが使われたが，XML ではユーザが自由に要素名と属性名を決めてデータの意味を表現できる．それにより，新たなマークアップ言語を定義するメタ言語とも呼ばれる．XML データは，つぎのようにタグの入れ子により木構造データを示す．

<タグ 1><タグ 2><タグ 3>　…　</タグ 3></タグ 2></タグ 1>

それぞれのタグは要素を表して，入れ子のタグは子要素を示す．したがって，XML データが木構造であるためには，(i) 一番外側のタグによるルート要素は一つのみで，(ii) 各タグの入れ子にある子要素は 0 以上で複数でもよい．以上の場合，タグ 1 がルート要素でタグ 2 がその子要素であり，タグ 3 が孫要素である．

以下のXMLデータは，タグで示した要素1が要素2と要素3による二つの子要素とそれぞれのデータをもつ木構造を表している．

<要素1>
　<要素2>データ1</要素2>
　<要素3>データ2</要素3>
</要素1>

このXMLデータの木構造を示したのが，**図2.14**の左側である．

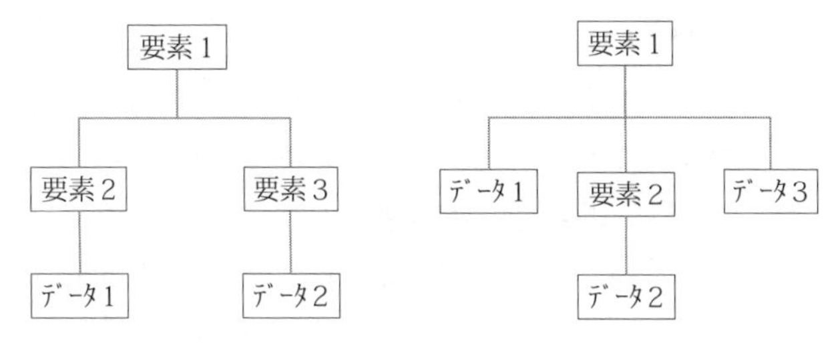

図2.14 XMLデータによる木構造

以下のXMLデータは，要素1が三つのデータをもつ木構造である．上記例とは違って要素1の入れ子に三つの要素を書かずに，データ1とデータ3を区分するように要素2が書かれている．

<要素1>
　データ1
　<要素2>データ2</要素2>
　データ3
</要素1>

図2.14の右側は，この三つのデータをもつ木構造を示す．図左の木構造と比較すると，データ1とデータ3は子要素を介さないで要素1のデータとなる．さらに以下は，要素1の属性1に値1が格納され，データをもたない空要素2と空要素3を子要素にする木構造である．

```
<要素1 属性1="値1">
  <要素2 />
  <要素3 />
</要素1>
```

空要素は，<要素 />または<要素></要素>と記述する．

XMLでは，要素名と属性名に日本語（全角）のひらがな・カタカナ・漢字，英語（半角）のアルファベット（大文字と小文字を区別），数字や記号などが用いられる．ただし，数字，ピリオド，ハイフンは先頭文字で使えず2文字目以降ならば使えるが，アンダーバーはどちらでも使える．例えば，要素名や属性名の記述としてbook1や_uecは正しいが，1book，-abcは正しくない．

また，あらかじめXMLで規定済みの予約語をユーザが要素名と属性名に使用できない．SGMLでも使われていた予約語には，DOCTYPE，PUBLIC，SYSTEMがあり，それぞれ文書型宣言，（標準化団体などを示す）公開識別子，（URIでファイルの場所を示す）システム識別子を宣言する．XML独自の予約語には，xmlをはじめ言語の指定に用いる属性xml:langやスペース削除の指定に用いる属性xml:spaceなどがある．

その他に，タグを無視する特別な記述方法としてCDATAセクション（character data）がある．例えば，以下の記述では<p> … </p>部分のタグは認識されずそのままの文字列として扱われる．

```
<![CDATA[<p> … </p>]]>
```

〔2〕**XML文書**　図2.15のように，XML文書はXML宣言，文書型定義（オプション）とXML本体の三つから構成される．

XML宣言は，1行目につぎのようにXMLのバージョンや文字コードを示す．

```
<?xml version="1.0" encoding="UTF-8" standalone="yes"?>
```

version属性はXMLのバージョン情報，encoding属性はXML文書の文字コード情報，standalone属性は外部ファイルを読み込むか（または読み込まず本文書のみか）を指定する．ここで用いられる<? … ?>タグは，XML文書からアプリケーションに対する処理命令を意味する．

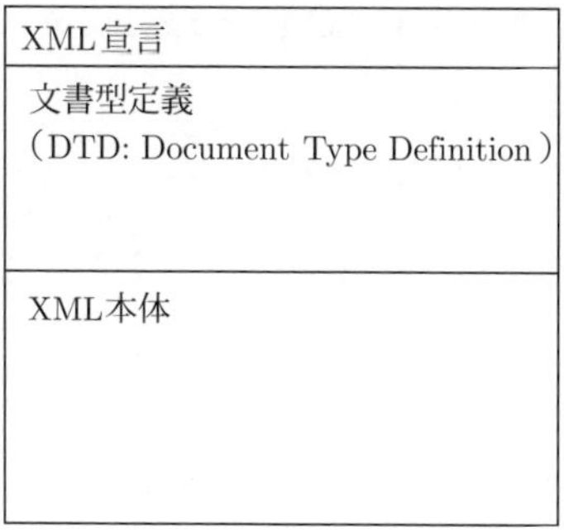

XML宣言
文書型定義 （DTD: Document Type Definition）
XML本体

図 **2.15** XML 文書の全体構造

2行目以降は，DOCTYPEによりXML文書に対する文書型定義を記述する．文書型定義はXMLの文書クラスを表しており，その文書クラスに沿ってXMLデータを作成すれば文書インスタンスとなる．

```
<!DOCTYPE ルート要素名
SYSTEM "外部サブセットのURI"
(または PUBLIC "公開識別子" "外部サブセットのURI")
[
内部サブセット
]>
```

まず，ルート要素名がXMLデータの木構造におけるルートの名前である．サブセットには，要素と属性に関する宣言のリストを記述して文書型を定義する．内部サブセットはXMLファイル内に記述するサブセットであり，外部サブセットは別ファイルから読み込むサブセットである．

DOCTYPE宣言を含むHTML文書は，外部サブセットの文書型定義（DTD）に従った文書インスタンスといえる．以下の例は，XHTML文書のDOCTYPE宣言である．

```
<!DOCTYPE html
PUBLIC "-//W3C//DTD XHTML 1.0 Transitional//EN" "http:
//www.w3.org/TR/xhtml1/DTD/xhtml1-transitional.dtd">
```

これによりXHTML文書は，ルート要素名が`html`に指定された文書となる．

さらに，W3C で規定された DTD ファイル xhtml1-transitional.dtd を外部サブセットの URI で指定している．

XML 本体は，タグ表現による要素と属性から木構造データを構成する．DOCTYPE 宣言が明記されていれば，そこで宣言したルート要素を用いてつぎのようにXML データが作成される．

```
<ルート要素名　属性名="値" 属性名="値">
  <子要素名　属性名="値" 属性名="値">
    …
  </子要素名>
</ルート要素名>
```

XML 本体では，要素の入れ子により木構造データを記述して，必要に応じて各要素に属性情報を付加する．このとき，属性の順序は特に意味がなく，例えば，社員 ID と性別を示す属性<employee id="930001" sex="male">と<employee sex="male" id="930001">は同じと見なされる．

要素と属性の使い方はユーザに委ねられており，要素内のデータを属性に記述してもよい．例えば，先に述べた XML データの商品リストで商品のメーカーを以下のように属性に記入できる．

```
<商品 メーカー="A 機器">
  <商品名>カメラ N01Z</商品名>
  <値段>21000</値段>
</商品>
```

こうしたデータの記法は，XML データを使う目的によって変わる．したがって，以下のようにすべてを属性に書いても XML の構文上はまったく問題ない．

```
<商品 メーカー="A 機器" 商品名="カメラ N01Z" 値段="21000">
```

一方，HTML では要素内のテキストはブラウザで表示されるが，属性は表示されないメタ情報（id 属性など）に使われる．

XML 文書では，&実体名; により実体を表す実体参照がある．実体とは，文字列やファイルのような XML 文書の一部を収納しているものである．実体参照の用途は，頻繁に使う内容（文字列）を置き換えて文書を簡潔にしたり，特殊文字を表したり，外部ファイルを挿入したりすることが挙げられる．例えば，特殊文字の実体参照には`<`，`>`，`&` などがあり，それぞれ<，>，&の記号を表している．

〔3〕名前空間　XMLの機能には，グローバルなWebデータを扱うとき有用な名前空間（namespace）がある．名前空間とは，分野や用途に応じて名前をグループ分けする方法であり，広い情報空間の中で同じ名前を衝突させず別の意味で利用できる．

```
<topics xmlns:math="http://www.math.org/"
        xmlns:bio="http://www.biology.org/">
  ここが名前空間のスコープ
</topics>
```

`xmlns:接頭辞="URI"`により，URIで示した名前空間の宣言が要素内で有効となる．上記の例では，二つの名前空間を宣言して，これらを使って`math:tree`と`bio:tree`と書くことで同じ名前`tree`を別の名前空間で利用できる．

以下のように，`xmlns`右側の接頭辞を省略すると要素内で有効なデフォルト名前空間が宣言できる．

```
<topics xmlns="http://www.math.org/">
```

このとき，要素内の名前はすべて接頭辞なしでも`http://www.math.org/`の名前空間の下で定義される．デフォルト名前空間により，要素内ではローカルに名前がカプセル化されて外部で使用される名前との衝突を心配しないで済む．この方法により，多くの既存データに無影響で安全に要素や属性の名前を付けてXML文書を作成できる．

2.2.2 DTD

文書型定義（data type definition，DTD）は，要素による文書構造とそれに付随する属性を宣言して文書のタイプ（種類）を定め，それをXML文書モデルという．例えば，「論文」や「商品リスト」などの文書モデルを定義して，それに従って作成した実際の XML 文書が文書インスタンスとなる．コンピュータが XML 文書を正確に解読するとき，厳密に規定された文書構造を知る必要があり，文書モデルがその役割を果たす．また，文書型定義は同タイプの文書を大量に作成するときに，共通の文書モデルとなる．さらに文書モデルと照らし合わせると，XML 文書のエラーを自動的に検出できる．

文書型定義は，要素型宣言，属性リスト宣言，実体宣言，記法宣言から構成される．まず，要素型宣言（element type declaration）は，つぎのように XML 文書で使用できる要素名とその内容モデル（要素内の構造）を宣言する．

```
<!ELEMENT 要素名 内容モデル>
```

要素名は XML 文書で要素を示すタグ名を導入し，内容モデルは要素型により要素の内容や子要素を宣言する．内容モデルに用いられる要素型の予約語には #PCDATA，EMPTY，ANY があり，それぞれ文字データ（parsed character data），空要素，任意の要素を示す．

以下の例は，簡単な要素型宣言である．

```
<!ELEMENT author (#PCDATA)>
<!ELEMENT title (#PCDATA)>
<!ELEMENT things ANY>
<!ELEMENT data EMPTY>
```

この要素型宣言により，要素 author と title は文字データの子要素を一つだけもつ．要素 things は任意の子要素をもち，要素 data は子要素をもたない．

さらに，以下のように少し複雑な要素型宣言を記述できる．

```
<!ELEMENT book (title, author)>
<!ELEMENT feature (shape | color)>
<!ELEMENT report (title, author*, paragraph+)>
```

これにより，要素 book は二つの子要素を title と author の順序でもつ．要素 feature は shape または color の子要素をもつ．要素 report は，子要素に title を一つ, author を 0 以上，paragraph を 1 以上もつ．

このようにして文書モデルが定義され, 以下のような XML データは要素 book

の要素型宣言に違反してエラーとなる.

```
<book>
  <title>セマンティックWeb入門</title>
</book>
```

子要素 title の後には, 子要素 author を追加しなければならない. title の前に追加しても子要素の順序が間違いとなる. また, report の要素型宣言で内容モデルの author*を author?へ書き換えると, 要素 author の子要素数は 0 または 1 に限定される.

つぎの属性リスト宣言（attribute–list declaration）は, 要素型宣言で導入された要素名に対して属性（名前と属性値型）を導入する.

```
<!ATTLIST 要素名 属性名1 属性値型1 "デフォルト値1"
                 属性名2 属性値型2 "デフォルト値2">
```

このとき, 各属性に対してデフォルト値や属性の記入が必須かどうかも宣言する.

例えば, 以下の属性リスト宣言は要素 book に一つの属性 isbn を許している.

```
<!ATTLIST book isbn CDATA #REQUIRED>
```

属性値型を示す予約語 CDATA は, 任意の文字が書ける文字データ（character data）を意味している. 要素型の文字データ型である#PCDATA はタグを認識する一方で, 属性値型の CDATA はタグを認識せず単なる文字列として扱う. #REQUIRED は, デフォルト値なしで属性の記入が必須であることを示す. デフォルト値なしで属性が任意のとき, #IMPLIED とする. #FIXED "デフォルト値"は, デフォルト値を固定してそれ以外の属性値記入を禁止する.

以下は内部サブセットに文書型宣言を記述した例で, ルート要素 device の属性を複数宣言している.

```
<?xml version="1.0" encoding="UTF-8"?>
<!DOCTYPE device [
<!ELEMENT device (#PCDATA)>
<!ATTLIST device version NMTOKEN #REQUIRED
                 id ID #REQUIRED
```

```
                type ENTITY #IMPLIED> ]>
```

属性 version の NMTOKEN 型は，名前トークンといい通常の名前と違って数字などを先頭に書ける文字列である．CDATA ではスペース，タブや改行の連続はそのままの文字列として扱われるが，NMTOKEN ではそれらが削除される．したがって NMTOKEN では，version=" 1.0 "は version="1.0" を意味する．属性 id の ID 型は，名前に使用できる文字列（先頭に数字は禁止）で識別子を表す．他の型ならば属性値が XML 文書内で重複してもよいが，識別子なので ID 型の値は重複してはならない．属性 type の ENTITY 型は，名前に使用できる文字列で実体を表す．

さらに，ID 型の属性値を参照する IDREF 型があり，以下のように属性リストを宣言する．

```
<!ATTLIST order refid IDREF #REQUIRED>
```

以下のように，要素 device で ID 型の識別子 id="dv0001"を記入したとする．そのとき上記を内部サブセットに追加すれば，別の要素 order で IDREF 型の属性 refid を使って識別子を参照できる．

```
<device version="1.0" id="dv0001" type="A">HDD-1</device>
<order refid="dv0001" />
```

実体宣言（entity declaration）は，つぎのように XML 文書で使用する実体名とその実体との対応関係を宣言する．

```
<!ENTITY 実体名 "文字列">
```

例えば，以下は実体名 HTML を宣言している．

```
<!ENTITY HTML "HyperText Markup Language">
```

これにより XML 本体で&HTML; と記述すれば，実体の文字列 HyperText Markup Language を示す．さらに，外部実体を使った実体宣言は，以下のように記述する．

```
<!ENTITY data1 SYSTEM "data1.xml">
<!ENTITY xhtml11 PUBLIC "-//W3C//DTD XHTML 1.1//EN"
     "http://www.w3.org/TR/xhtml11/DTD/xhtml11.dtd">
```

一つ目は，SYSTEMを指定して外部識別子（URIやファイルなど）の実体を宣言する．二つ目は公開された外部識別子なので，PUBLICと公開識別子を付けて宣言する．

2.2.3 整形式XMLと妥当XML

XML文書を作成したとき，XMLパーザ（構文解析器）が正しい文書であるか判断する．このとき，XML文書の正しさによって整形式XMLと妥当XMLへ分類できる．

まず，整形式XML（well–formed XML）は名前文字列の使い方やタグの入れ子が正しいときにいう．整形式XMLの名前判定は，要素名と属性名が許可された文字列で書かれているか，属性名が一つの要素内で重複していないか（例えば，<商品 price="100" price="200">は間違い）を調べる．整形式XMLのタグ構造判定は，XML本体にはルート要素が一つだけか，すべての要素には同じ名前の開始タグと終了タグがあるか，すべてのタグが正しく入れ子構造になっているかを調べる．

妥当XML（valid XML）は，整形式XMLでありさらに文書型定義（DTD）に従っているときにいう．XML文書の内部サブセットやDTDファイルで読み込んだ外部サブセットに含まれる要素型宣言と属性型宣言に従っているかを調べて判定する．妥当XML文書は，ある文書モデルのインスタンスであることを保証する．

2.2.4 XML Schema

文書型定義（DTD）とは別に，XML文書モデルを定義する枠組みにXML Schemaがある．文書型定義の構文はわかりやすいが欠点があった．まず，XMLデータの名前空間に未対応なので名前づけの衝突が起りうる．要素と属性の型が不明確であったり，限定的で実用的な型の導入も不十分である．また，XML本体とは別の構文をもつのでXMLパーザ以外に文書型定義を解析するプログラムが必要となる．これらの欠点を解消するために，W3Cで2001年5月に

XML Schema 1.0 の仕様が策定され以下のバージョンアップが行われている．

XML Schema 1.0：初期バージョン

XML Schema 1.1：XML Schema 1.0 の修正

XML Schema 文書はそれ自体 XML 文書であり，以下のように schema をルート要素にして作成される．

```
<?xml version="1.0" encoding="UTF-8"?>
<xs:schema xmlns:xs="http://www.w3.org/2001/XMLSchema">
  ...
</xs:schema>
```

schema タグの属性 xmlns により，W3C で規定された XML Schema 語彙を用いるための名前空間接頭辞 xs が宣言される．こうして作成された XML Schema 文書は，xsd をファイル識別子にして管理される．

最初に，schema タグの直下において要素と属性の宣言方法を説明する．つぎのように，XML Schema では XML データの element タグとその属性 name と type により要素が宣言される．

```
<xs:element name="要素名" type="データ型" />
```

属性 name の値に要素名を書いて，属性 type の値にデータ型を書く．ここで，データ型は文字列，整数，実数，ブール値，時間などの固定データ型の場合を考える．文書型定義（DTD）では曖昧だった要素型宣言を厳密にするために，XML Schema では固定データ型と子要素構造を明確に区別する．その上で，データ型には string，integer，float，double，boolean，time などの実用的な型が豊富に用意されている．

以下の例は，データ型を用いた簡単な要素を宣言している．

```
<xs:element name="author" type="string" />
<xs:element name="title" type="string" />
```

この要素の宣言により，二つの要素 author と title が string 型をもつ．

同様にして，以下では XML データの attribute タグとその属性 name と type により属性名と属性値型が宣言される．

```
<xs:attribute name="属性名" type="データ型" />
```

属性値型の定義にも，要素の場合と同じくXML Schemaの固定データ型を用いる．下記例では，string型の属性型をもつ属性isbnを宣言して，属性useによりisbnの属性値を必須にする．

```
<xs:attribute name="isbn" type="string" use="required" />
```

文書型定義（DTD）と違って，schema要素の直下では属性isbnはある特定の要素に対して導入されたわけではない．ある要素に対して属性を導入するには，各要素のスコープ内で属性を宣言する．

つづいて，XML Schemaには文書型定義（DTD）にはない型宣言（単純型と複合型）がある．単純型は，simpleTypeタグで定義する．以下の例では，整数型を最大12までの数に制限して新しいデータ型名max12intを定義している．

```
<xs:simpleType name="max12int">
  <xs:restriction base="xs:integer">
    <xs:maxInclusive value="12" />
  </xs:restriction>
</xs:simpleType>
```

simpleType要素内でrestrictionタグの属性baseで指定した固定データ型を制限して新しい型を定義する．このrestriction要素によって，他にも固定データ型を特定値，文字数，バイト数などで制限して派生した型定義が可能である．さらに，固定データ型によるリスト型も定義できる．

固定データ型の制限やリストによる単純型の他に，複合型というのがありXML Schemaの理解を少し難しくする．ここまでの説明で要素，属性と単純型を宣言できるが，要素の内容モデルや属性リストは宣言できない．複合型は，それら内容モデルなどの宣言に使われる．言い換えると，単純型はXMLの木構造における葉ノードデータの型だが，複合型は内部ノードを含む木構造データや属性リストを定義する型である．

複合型には単純内容，複合内容，混在内容などがあり，complexTypeタグを用いて定義する．下記は，新しい複合型booktypeの単純内容をsimpleContent

タグにより定義している.

```
<xs:complexType name="booktype">
 <xs:simpleContent>
  <xs:extension base="xs:string">
   <xs:attribute name="isbn" type="xs:string" .. />
  </xs:extension>
 </xs:simpleContent>
</xs:complexType>
```

simpleContent 要素は，複合型の中でも属性リストを追加するだけの単純内容を意味する．複合型 booktype は extension タグにより string 型をもち，attribute タグにより string 型の isbn 属性をもつ．例えばこの複合型を使って，book 要素の宣言時に<xs:element name="book" type="booktype">とすれば，属性リストを含む複合型の要素が宣言できる．

以上では複合型 booktype の定義が独立していたが，book 要素の宣言時にその内容モデルとして複合型を記述できる．例えば，二つの子要素をもつ book の要素型宣言は，complexType 要素を用いた以下の複合型で記述する．

```
<xs:element name="book">
 <xs:complexType name="booktype">
  <xs:sequence>
   <xs:element name="title" type="string" />
   <xs:element name="author" type="string" />
  </xs:sequence>
  <xs:attribute name="isbn" type="xs:string" .. />
 </xs:complexType>
</xs:element>
```

この複合型では，(属性だけではなく) 子要素をもつ複合内容を定義している．そのため simpleContent 要素を使わずに，sequence 要素の直下に要素 title と author を導入している．もし schema 直下でグローバルに宣言されている要素や属性を再利用したいときは，ref 属性を使えばいい．schema 直下の title 要素と isbn 属性を再利用するならば，上記の例では<xs:element ref="title">，<xs:attribute ref="isbn">と書き換える．

また，文書型定義（DTD）の内容モデル (shape | color) は，complexType 要素下で以下の choice タグによって複合型で宣言される．

```
<xs:choice>
 <xs:element ref="shape" />
 <xs:element ref="color" />
</xs:choice>
```

このとき，複合型は shape または color の子要素をもつ．また，内容モデル (title, author*, paragraph+) は，以下の sequence タグによって属性 minOccurs と maxOccurs により出現数を制限して宣言する．

```
<xs:sequence>
 <xs:element ref="title" />
 <xs:element ref="author" minOccurs="0"
                          maxOccurs="unbounded" />
 <xs:element ref="paragraph" minOccurs="1"
                             maxOccurs="unbounded" />
</xs:sequence>
```

このとき，複合型は子要素として title を一つ，author を 0 以上，paragraph を 1 以上もつ．

XML Schema では，文書型定義（DTD）との互換性を保つ固定データ型が用意されている．以下は，前節の属性リスト宣言を XML Schema で書き直した例である．

```
<xs:attribute name="version" type="xs:NMTOKEN"
                             use="required" />
<xs:attribute name="id" type="xs:ID" use="required" />
<xs:attribute name="type" type="xs:ENTITY"
```

```
use="optional" />
```

属性 version, id, type に対して，xs:NMTOKEN 型，xs:ID 型，xs:ENTITY 型が宣言され，最初の二つは属性値が必須で最後の一つは属性値が選択である．また，xs:ID 型の属性 id は XML 文書内で一意性をもち，その属性値を参照する xs:IDREF 型も用意されている．

さらに，複合内容を拡張して子要素の前後にテキストを挿入できる混合内容がある．以下は，複合型を使って混合内容を定義している．

```
<xs:complexType name="markedtexttype" mixed="true">
```

このとき，属性 mixed="true" を指定することで，複合型 markedtexttype で定義される要素の子要素にテキストとの混合を許す．HTML や XML では，このようにテキスト内にタグが混在する半構造データが頻繁に作成される．

最後に，名前空間の定義について補足する．名前空間は文書型定義（DTD）では未サポートなので，XML Schema を使う動機づけとなる．先の例では schema の属性に XML Schema の名前空間 xs を宣言していた．これにより，他で定義された名前空間から語彙（要素や属性など）を参照できる．ここではさらに，XML Schema 文書内で宣言した要素や属性が属す名前空間を定義する．言い換えれば，XML Schema 文書の作成において文書自体の名前空間を宣言する．

以下は，schema 要素の属性 targetNamespace により，XML Schema 文書自体に対する名前空間を宣言する．

```
<xs:schema targetNamespace="http://uec.ac.jp/curriculum"
  xmlns:cur="http://uec.ac.jp/curriculum"
  xmlns:xs="http://www.w3.org/2001/XMLSchema">
 <xs:element name="lecture">
   ...
</xs:schema>
```

4 行目に導入された要素 lecture は，http://www.uec.ac.jp/curriculum 名前空間の下で定義される．2 行目の名前空間接頭辞 xmlns:cur は，文書内で導入された語彙を自己参照するために定義する（例えば，ref 属性で要素名を参照する). この名前空間の宣言により，XML Schema 文書で宣言された語彙を各 XML 文書で使う際につぎのように参照する.

```
<cur:lecture xmlns:cur="http://uec.ac.jp/curriculum">
```

このとき，`lecture` 要素はその語彙が属す名前空間を参照している. この接頭辞を省略するには，XML 文書内でデフォルト名前空間として宣言してもよい.

2.2.5 JSON

XML は，HTML や関係データベースにはない優位性をもったデータ形式である. しかし，冗長な XML データを読み込んで構文を解析して，タグによる複雑な木構造に含まれる要素と属性を抽出しなければならない. これには XML パーザが必要で，その処理に伴うオーバーヘッドが懸念される.

そこで，XML をより簡潔にした JSON（JavaScript object notation）を説明する. JSON は，文字列，数値，配列，オブジェクト，真偽値，null による構造的なデータ形式である. 現在，Web アプリケーションのデータ形式に使われている. JSON データは，XML データより軽量で使い勝手がよいために，JavaScript にかぎらず多くのプログラミング言語でサポートされている.

例えば，先の図 2.11 で説明した商品リストデータを JSON に書き換えたのが図 **2.16** である. XML と同じように木構造を表し，各データがメタ情報とともに格納されている. さらに，タグの代わりに括弧とコロンを用いて簡潔にデータ構造を表す. XML は，マークアップ言語なので HTML の表現に近く XHTML のような使い方が可能である. それに対して，JSON は XML のマークアップの機能は省いて簡潔に構造データを表現するのに便利である.

JSON データを記述するために，基本的な構文を定義する. まず，JSON データの（原子的な）構成要素は「値」である. 値は，文字列，数値，配列，オブジェクト，true，false，null に分けられる. この中で，文字列，数値，および真偽値の true と false, 空値の null は，広くプログラミング言語でも使われる基本データ値である. 配列は，n 個（$n \geqq 0$）の値からなるリストである. `v1` から `vn` が文字列，数値，配列，オブジェクト，true，false，null のいずれかの値

```
{
    "商品リスト": {
        "商品": {
            "メーカー": "A機器",
            "商品名": "カメラN01Z",
            "値段": "21000"
        }
        "商品": {
            "メーカー": "B電機",
            "商品名": "電気カミソリS4",
            "値段": "10000"
        }
        "商品": {
            "メーカー": "C製作所",
            "商品名": "冷蔵庫R012",
            "値段": "60000"
    }
}
```

図 **2.16**　JSON による商品リストの記述例

であるとき，`[ v1, ... , vn ]` は配列である．このとき，$n = 0$ のときは配列は空リストとなる．例えば，`[ 1.0, 2.0, 3.0 ]`，`[ "太郎", "次郎" ]`，`[ [1, 2] , ["a", "b"] ]` は，三つの配列である．

さらに値の一種であるオブジェクトを説明する前に，組表現の導入が必要である．組とは，文字列と値からなり，以下のように表される．

`"文字列" : 値`

例えば，`"name" : "Tom"` と `"numbers" : [1, 2]` は，それぞれコロンの後に文字列と配列をもつ組である．以下の例は，コロンの後に（この後説明する）オブジェクトをもつ組である．

`"テレビ" : { "メーカー" : "A 電機", "値段" : "70000" }`

オブジェクトとは，n 個（$n \geqq 0$）の組 `p1` から `pn` のリストであり，`{ p1, ... , pn }` で表される．配列と同じように，$n = 0$ のときは空オブジェクトとなる．例えば，以下は料理レシピに関する情報を示したオブジェクトである．

```
{ "id" : 1001,
   "料理" : "肉野菜炒め",
```

```
  "材料" : { "肉" : "豚肉",
             "野菜" : "キャベツ" }
}
```

配列との最大の違いは，オブジェクトを構成する組表現にはコロンの前に文字列でメタ情報を記述できることである．

JSON 表現の構文定義として，すべてのオブジェクトおよび配列は JSON 表現である．したがって，上記例のオブジェクトは JSON 表現である．また，配列も JSON 表現であるので，つぎのような配列も JSON 表現といえる．

```
[ 1001,
  "肉野菜炒め",
  [ "豚肉", "野菜" ]
]
```

JSON 表現はオブジェクトまたは配列なので，`{ "文字列":値,...,"文字列":値 }`と`[ 値,...,値 ]`のいずれかの表現になる．もちろん，その中の値にオブジェクトや配列のような異なる種類の値が混在して入れ子になってもいいので，複雑なデータ構造が記述できる．

2.3 XML データ抽出と XML データベース

前節までは，Web データの表現形式としての XML 文書を見てきた．本節では，要素名や属性名などを指定して XML データから目的の情報を抽出する方法を説明する．はじめに XML 文書中のデータ構造から一部を指定する XPath を紹介し，その後に XML データベースに対するクエリ言語 XQuery を紹介する．

2.3.1 XPath

関係データベースのような 2 次元データからの情報抽出は比較的簡単で，属性名や属性値を指定して条件検索すれば該当データを入手できる．例えば，図 2.10 の商品リストを表す関係データベースから値段リストだけほしければ，属性名「値段」を指定して検索できる．しかしながら，XMLデータの図2.11は高次元データを表すので，検索方法が少し複雑である．実際，XMLデータの参照では，要素名「値段」だけを与えても，木構造内のどの位置のデータか正しく特定できない．そのため，「商品リスト」要素の子要素「商品」がもつ孫要素「値段」というように，要素の位置を明確に指定する必要がある．

XML文書のデータ抽出を目的に，XML文書の一部分を指定できるXPath（XML path language）の仕様が1999年11月にW3Cにより勧告された．

XPath 1.0：初期バージョン

XPath 2.0：データ型，関数，集合演算の拡張

XPath 3.0：インライン関数，高階関数

その後，データ型，関数や集合演算による詳細なデータ表現を導入したXPath 2.0（2007年1月）が策定された．さらに，関数定義をより柔軟に行えるインライン関数と高階関数を導入したXPath 3.0（2014年4月）が策定された．

XPathでは，基準ノードからのパスを表す式（XPath式という）を用いて，XML文書の木構造における位置を示す．木構造データの各ノードには，要素やデータが格納されている．このとき，ルートノードの要素をルート要素といい，子ノードや親ノードの要素を子要素や親要素という．木構造データの基準ノードには，ルートノードとカレントノードがある．ルートノードを基準としたXPath式は，絶対位置を指定して以下のように表す．

/要素名1/要素名2/ ...

これはルート要素「要素名1」の子要素「要素名2」というように，木構造データに対するパスを意味する．例えば，図2.11の商品リストを表すXMLデータに対して，以下のように要素「値段」を指定できる．

/商品リスト/商品/値段

このとき，ルート要素「商品リスト」の子要素が「商品」であり，さらにその子要素の「値段」を指定している．

上記は絶対位置を指定しており，単に/と書けばルートノードを示す．これに対して，. はカレントノード，.. は親ノードを示す．カレントノードを基準

とする XPath 式は，要素名 1 /要素名 2 / ... と書いて相対位置を指定する．ルートノートまたはカレントノードを始点にいくらかの要素名をつなげて，その子ノード，孫ノードへとパスを指定する．さらに，XML 文書全体に対して任意の位置を指定したいときは，`//`要素名 1 と書けばルートノードからすべての子孫ノードに存在する要素名 1 を意味する．この方法は，XML 文書のすべてのノードを検索し処理にオーバーヘッドがかかる．

XPath 式で特定の要素名を指定した後に，`/@`属性名を付与してその要素の属性を指定できる．例えば，XHTML 文書に対して，以下の XPath 式はルート要素 `html` の子要素 `body` 内に含まれるアンカータグ`<a>`の属性を指定する．

```
/html/body//a/@href
```

`//a/@href` と書くことで，要素 `body` 内のすべてのアンカータグ`<a>`を指定して，その要素の属性 `href` を指定する．

このように XPath 式はファイルシステムのパス指定に似ているが，XPath 式の指定先は一意というわけではない点が決定的に違う．例えば，**図 2.17** は図 2.11 の商品リストデータに属性 `id` と `year` を追加した XML データである．このとき，XPath 式`/`商品リスト`/`商品は「商品リスト」の子要素「商品」を指定するが，該当する要素は複数存在する．ここで葉ノードのテキストデータを指定したいときは，`text()` を付与して`/`商品リスト`/`商品`/`メーカー`/text()` と

```
<商品リスト >
  <商品 id="p0001" year="2013" >
    <メーカー>A機器</メーカー>
    <商品名>カメラN01Z</商品名>
    <値段>21000</値段>
  </商品>
  <商品 id="p0002" year="2015" >
    <メーカー>B電機</メーカー>
    <商品名>電気カミソリS4</商品名>
    <値段>10000</値段>
  </商品>
              :
```

図 2.17　商品リストデータの拡張例

する．

その他に，すべての要素を示すのにアスタリスク (*) がある．例えば，XPath 式 /商品リスト/商品/* は，商品のすべての子要素を指定している．XPath 式 /商品リスト/*/値段とすれば，商品リストのすべての子要素がもつ子要素から「値段」を指定できる．アスタリスクを属性に使うと，XPath 式 /商品リスト/商品/@*は商品のすべての属性を指定する．//と*はそれぞれ違って，前者がすべての子孫ノードを示すノードの位置指定であるのに対して，後者はすべての要素を示す要素指定である．ゆえに，XPath 式 //*と書けば，すべての子孫ノードのすべての要素名を指定する．

さらに XPath 式では，指定されたノードを絞り込むために，演算子などを用いてつぎのように条件を記述できる．

XPath 式 [関係式による条件]

関係式による条件は，2 項関係（もしくは 2 項述語）によって真偽が判定できる言明でなければならない．XPath の 2 項関係には，=，!=，>，>=，<，<=などの基本的な比較演算子がある．

例えば，2 万円以上の商品を検索したいならば，XPath 式/商品リスト/商品 [値段 >= 20000] と指定する．このとき，要素「値段」のデータが 20000 以上を満たすのを条件としている．また，属性の条件には，XPath 式 /商品リスト/商品 [@id = 'p0001'] により id の属性値が p0001 に一致する要素のみが選別される．これらの例は，XPath 式で指定した要素「商品」がもつ子要素や属性に条件を与える．もし要素自体に条件を与えるならば，カレントノード表現を用いて/商品リスト/商品/値段 [. >= 20000] と書く．ゆえに，商品 [値段 >= 20000] は 2 万円以上の商品を指定するが，商品/値段 [. >= 20000] は 2 万円以上の値段を指定するので注意が必要である．

数学的な木構造とは違い，XML では複数の子要素が列を成しておりその順序に意味をもつ．XPath 式では，要素の列に対して何番目かのノードを指定できる．例えば，XPath 式/商品リスト/商品 [position() = 2] とすると，2 番目の「商品」要素を示す．この条件は，/商品リスト/商品 [2] と略記してもよい．

2.3.2 XQuery

XPath は，XML 文書内のパスを指定して簡単な検索を可能にする．さらに本節では，複雑な検索によって XML データから情報抽出したり検索結果を処理したりするクエリ言語 XQuery（XML query language）を説明する．

XQuery は，XPath とは違って XML データベースへの問合せが目的である．**図 2.18** は，XML データを処理する方法として，XML ファイルと XML データベースの違いを示す．想定している XML データが比較的小さくファイル数も少ないとき，XML ファイル（ファイル識別子 xml をもつテキストファイル）をユーザがテキストエディタで編集したり，プログラムから読み込んで利用するのに大きな問題はない．しかし，テラバイト，ギガバイト規模の XML データは，メモリ上で処理しきれなかったり検索に長時間かかったりする．

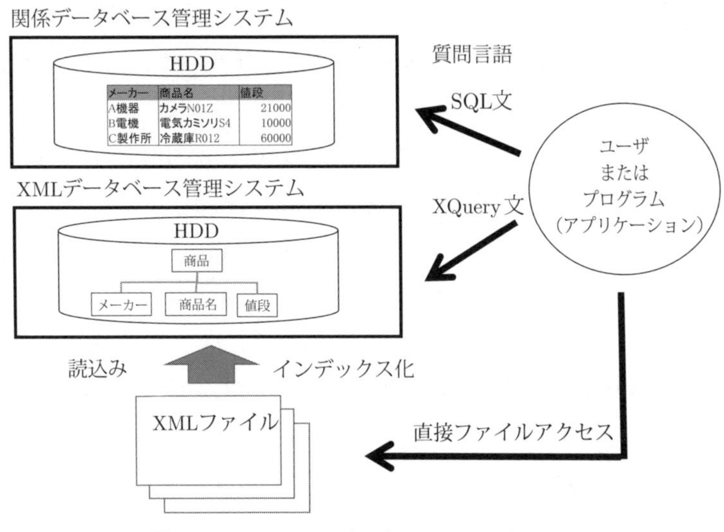

図 2.18 XML ファイルと XML データベース

そこで多くの XML ファイルをあらかじめ HDD などに格納しておいて，必要な情報だけ問合せするのが XML データベース管理システムである．関係データベースは SQL 文で問合せしたが，XML データベースは XQuery 文で問合せする．一般的に，データベース管理システムではデータをインデックス化してHDDに格納することで高速に検索できる．また，複数ユーザが同一データを矛盾なくアクセスできる仕組みも備えている．

実際，XMLデータの全体が簡単に見渡せない規模になったとき，XMLデータベースの問合せが威力を発揮する．XQueryはXPath 2.0を拡張したXMLの問合せ言語として，2007年1月にW3Cにより勧告された．

XQuery 1.0：初期バージョン

XQuery 3.0：新しい句表現，XPath 3.0サポート

その後，XQuery 1.0の拡張としてXQuery 3.0（2014年4月に）が策定された．XQuery 3.0では，インライン関数と高階関数の導入に加えて，window句，group by句，count句の新しい句表現が追加された．

〔1〕**FLWOR式**　XQueryでは，ユーザがFLWOR式と呼ばれる問合せ文をXMLデータベースに対して実行する．FLWOR式では，内部表現にXPath式を使ってXMLデータから条件一致した部分を取り出し処理を施して出力する．

FLWOR式は，六つの句（for，let，where，order by，return）とXPath式を組み合わせてXQueryの問合せ文を表す．この式表現は，（関係データベースに対する）クエリ言語SQLのSELECT文に書くWHERE句やORDERBY句などと似ている．XQuery 3.0では，その他に三つの句（window，group by，count）が追加されている．

FLWOR式の構文は，以下のとおりである（ただし，構文内の|は「または」を意味する）．三つの句表現（for句，let句，window句）のいずれかから始まり，return句で終わる．

```
for句 | let句 | window句
    :
return句
```

XPath式は，XMLデータから該当部分を複数取り出しシーケンスデータを出力する．for句，let句，window句は，このシーケンスデータ内の各データを変数（$変数名で表す）に代入（バインド）していき，return句で結果を出力す

る．最後の return 句前までは，return 以外の八つの句をいくつでも記述できる．for 句のつぎに同じく for 句を書いて入れ子にしてもよいし，where 句で検索条件を付けてもよい．

〔**2**〕 **for 句**　for 句は，XPath 式などで指定した XML データの一部（シーケンスデータの各データ）を変数へ繰り返し代入して，つづく処理を実行する．以下は，for 句の構文である．

```
for $変数名 in 式 (, $変数名 in 式)*
```

ただし，構文内で (, $変数名 in 式)*は括弧内の表現が任意回（0 以上）現れることを示す．for 句内の式が XPath 式のときは，パス指定した要素のシーケンスデータ（例えば，要素１，要素２，...）を意味する．それ以外のとき，式は具体的な値の列（例えば，(1,2,3,4) のとき整数列）を示す．

例えば，以下の FLWOR 式は，商品リストの要素をすべて出力する問合せである．return 句の構文は「return 式」であり，式の内容が出力される．

```
for $x in doc("商品リスト.xml")/商品リスト
return $x
```

この for 句では，ファイル名（商品リスト.xml）の XML データからルート要素「商品リスト」に含まれる XML データの部分木を変数$x に代入する．それぞれの代入に対して，その後の return 句で$x を使って代入結果のシーケンスデータを出力する．

さらに，XML データの検索に条件を付けるために where 句を用いる．where 句の構文は「where 式」であり，式が真のときだけ結果が出力される．また検索結果にタグを追加して出力するときは，return 句の式に直接記述する．例えば，以下の FLWOR 式は，商品リストからカメラの値段だけ抽出してタグを付与して出力する．

```
for $x in doc("商品リスト.xml")/商品リスト
where $x/商品名 = "カメラ"
return <カメラ価格>{$x/値段/text()}</カメラ価格>
```

この for 句で代入した各変数?x のデータに対して，where 句の条件を満たすかチェックする．where 句は，?x の子要素「商品名」がもつデータが「カメラ」と一致したとき成り立つ．その後，return 句で?x の子要素「値段」がもつデータを<カメラ価格>のタグで囲って出力する．ここで{...}の括弧は，タグの要素に検索結果を埋め込む表現である．

for 句の構文では，複数の変数を列挙するとすべての代入の組合せが処理される．以下の例は，二つのサイコロ A と B の出目を（A と B の順序を考慮して）並べた組合せ（順列）に対して二つの出目の和をすべて出力する．

```
for $i in (1 to 6), $j in (1 to 6)
order by $i, $j
return <合計 出目1="{$i}" 出目2="{$j}">{$i + $j}</合計>
```

それぞれのサイコロの出目は二つの属性「出目１」「出目２」の値に書き込んで，「合計」タグのテキストデータに合計値を埋め込む．この出力には，order by 句を用いて出目１と出目２の小さい順にソートした結果を出力する．ソートは，降順と昇順を descending と ascending のオプションで指定できる．

for 句の高度な使い方として，式内に変数を書き込む方法がある．例えば，サイコロの例で以下のように書き換えると，二つのサイコロの出目を順序を考慮しないで全組合せを計算する．

```
for $i in (1 to 6), $j in ($i to 6)
```

すなわち，変数$i=1 のとき変数$j は１から６を計算し，変数$i=2 のとき変数$j は２から６を計算していく．

さらに，for 句では位置変数を付けて繰り返しの回数をカウントできる．例えば，for $s at $c in ("a" "b" "c") とすると，変数$s に文字 a, b, c が代入されて，同時に位置変数$c に回数 1, 2, 3 が順番に代入されていく．

最後に，for 句の出力を XML データにするテクニックを述べる．return 句でタグ付きの木構造データを出力しても，for 句の繰り返し処理は複数の結果によるシーケンスを出力するので，一つのルート要素をもつ XML データにはならない．したがって，出力結果を XML データとするためには，つぎのように FLWOR 式全体を入れ子にしたタグを書けばそのタグがルート要素となる．

```
<year>
  for $x in (1 to 12) return <month>{$x}</month>
</year>
```

〔3〕**let 句** let 句は，XPath 式などで表した XML データの一部を列挙したシーケンスデータを変数へ代入して，つづく処理を実行する．以下は，let 句の構文である．

```
let $変数名 := 式 (, $変数名 := 式)*
```

ただし，構文内で `(, $変数名 := 式)*` は括弧内の表現が任意回（0 以上）現れることを意味する．for 句が XPath 式が指定する各データを繰り返し代入したのに対して，let 句では XPath 式が指定する全データのシーケンスをまとめて一つの変数に代入する．for 句では変数名の横の記号 `in` が一つ一つのデータ代入を示すが，let 句では `:=` がシーケンスデータ全体の代入を意味する．例えば，以下の let 句から得られる結果は，`<year>1 2 3 ... 12</year>` となる．

```
let $x := (1 to 12)
return <year>{$x}</year>
```

〔4〕**window 句** for 句は各データを変数へ代入し let 句はシーケンスデータをまとめて変数へ代入するが，シーケンスデータの部分列を取り出すことはできない．window 句は，そうした for 句と let 句の中間的な機能を備える．この window（窓）という用語は，時系列データなどに対して指定した範囲をスライドして取り出した部分を意味する．

window 句は XPath 式などで指定した XML データの一部を列挙したシーケンスデータから部分列を変数へ代入して，つづく処理を実行する．2 種類ある window 句のうち，以下は tumbling window 句の構文を示す．

```
for tumbling window $変数1 in 式
    start $変数2 when 開始条件
    end $変数3 when 終了条件
```

この tumbling window 句では，for 句とは違ってシーケンスデータを分割した部分列を `$変数1` へ繰り返し代入して処理を実行する．その部分列は，start 句の開始条件を満たすデータを先頭に end 句の終了条件を満たすデータを終端とする．この部分列を取り出した後も残りのシーケンスデータから繰り返し部分列を重複なく取り出していく．以下の window 句は，八つのデータから 2 より大きい値を先頭に終端 0 までを区切ってタンブリング（回転）させて取り出す．

```
for tumbling window $x in (5,2,0,3,2,0,4,1)
    start $a when $a > 2
    end $b when $b = 0
return $x
```

start 句では，変数$a を用いて 2 より大きいデータを開始条件にする．end 句では，変数$b を使って 0 と等しいデータを終了条件にしている．部分列を取り出していき，シーケンスデータの最後になれば終了条件を満たさなくても終了する．この結果，return 句で終了条件を満たす5 2 0と3 2 0，さらに途中で終了した4 1の三つの部分列を順に変数$x へ代入して出力される．ここで end 句を only end 句にすれば，終了条件を満たす二つの部分列のみ出力される．

もう一つの window 句は sliding window 句と呼ばれ，tumbling window 句の構文を tumbling から sliding へ書き換える以外同じである．部分列を繰り返して取り出す処理は変わらないが，sliding window 句は出力する部分列ごとに含まれるデータの重複を許す．以下の例では，1 から 6 までのシーケンスデータから 2 より大きい値を先頭にして終端を二つ後ろのデータにして，部分列をスライディングして取り出す．

```
for sliding window $x in (1 to 6)
    start $a at $c1 when $a > 2
    only end $b at $c2 when $c2 = $c1 + 2
return $x
```

start 句では，変数$a を用いて 2 より大きいデータを開始条件にする．end 句では，（この場合はデータを示す変数$b ではなく）start 句と end 句の位置変数$c1 と$c2 を使って開始位置に 2 を足した位置との一致を終了条件にする．この結果，return 句で3 4 5と4 5 6の二つの部分列が順に出力される．sliding window 句では重複が許されるので，二つ目の開始データが 4 になっている．tumbling window 句ならば二つ目の開始データは 3 4 5 につづく 6 となる．

〔5〕**名前空間とデータ型**　XQuery では，XML 文書のように名前空間を利用できる．以下は XQuery の問合せ文の最初に書いて，XML Schema を示した名前空間接頭辞 xs を宣言する．

```
xs = http://www.w3.org/2001/XMLSchema
```

このような名前空間は，XQuery において関数名やデータ型名などの名前に利用される．例えば，以下は XQuery の変数宣言である．

```
declare variable $age as xs:integer := 17;
```

このとき，XML Schema のデータ型 `xs:integer` を使って変数名 `age` が整数値 17 に設定される．ただし，XQuery ではこの変数宣言の値を変更できない．

その他の重要な名前空間には，以下のようにビルトイン関数とユーザ関数の名前を区別する二つがある．

```
fn = http://www.w3.org/2005/xpath-functions
local = http://www.w3.org/2005/xquery-local-functions
```

例えば，つねに真値を返す `fn:true()` や XML 文書を読み込む `fn:doc("ファイル名")` などのビルトイン関数に接頭辞 `fn` が付けられている．

〔6〕**関 数 宣 言**　XQuery では，ユーザが何度も使う処理を新しい関数として定義できる．以下は，関数宣言の構文である．

```
declare function 関数名($変数名 as 入力型) as 出力型
{ 関数定義の中身 };
```

このとき，ユーザ関数の名前空間を用いて，`local:`ユーザ関数名と記述する．declare 行の関数名につづく括弧内の変数は関数の引数を，入力型は引数に使う変数の型を表す．最後の出力型は，関数の戻り値の型を宣言する．入力型と出力型は `xs:integer` のような固定データ型に加えて，要素型，データリスト型，要素リスト型なども宣言できる．要素型は，`element(要素名)` により要素名を指定する．さらに，`xs:integer*`とすれば整数リスト型，`element(要素名)*`は要素リスト型となる．

以下の例は，要素「商品リスト」に含まれる部分グラフから子要素「値段」のデータを抽出し，値段リストにして出力するユーザ関数である．

```
declare function local:値段抽出 ($l as element(商品リスト))
as xs:string* {
  for $x in $l return xs:string($x/値段/text())
};
```

この関数の入力型は要素型であり，出力型は文字列リスト型である．return 句では，抽出したテキストデータを文字列へ型変換して出力している．このように定義した関数を呼び出すには，例えば `local:値段抽出 (fn:doc("商品リスト.xml")/商品リスト))` などと記述する．

3 セマンティック Web 技術と RDF

本章では，セマンティック Web を実現する上で最も重要となる RDF について説明する．RDF は Web 上でリソースの属性情報やリソース間の関係を記述する目的で提案され，HTML や XML にはない記述能力を備えている．

3.1 データモデリングとメタデータ

セマンティック Web の構想は，データの意味（セマンティック）を扱う Web を実現するために，Web の発明者ティム・バーナーズ＝リーによって提唱された．アイデアの根本には，従来の Web がドキュメント中心であり，人間にしか内容が理解できない欠点の解消にある．これを踏まえて，セマンティック Web では機械可読性という「コンピュータがデータの意味を解読できる性質」を高める技術が提案されている．機械可読性をもったリンクトデータの発展により，最近ではデータの Web（セマンティック Web と同義）とも呼ばれる．

現在，Web は生活に不可欠な情報ツールとして爆発的に普及している．初期の Web は，インターネット上で情報共有できてもユーザから見ると単に読むだけの Web にすぎなかった．その後，ブログや SNS（social networking service）などによってユーザ側が Web 内容を追加・加工・編集できる参加型 Web が情報の爆発をもたらしている．しかし機械可読性の観点からは不十分で，未（いま）だに Web 情報をデータとして解読するのは容易ではない．

今後の Web は，機械可読性の向上によりセマンティック Web が実現され，異なるサイトのデータやサービスを統合した応用が期待される．Web で提供されたデータやサービスを統合できれば，複合的なサービスが受けられるようになる．これまでは人が複数の Web サービスを利用して得た情報を頭の中で統合して日常生活やビジネスの解決策を見つけたが，そうした面倒な処理を自動化する．このような異なるアプリケーションやサービスの間で，たがいにデータの送受信や利用がうまく機能するかを意味する性質を，インターオペラビリティ (interoperability，相互運用性）という．

セマンティック Web およびデータの Web の実現は，まさに Web 上の機械可読性とインターオペラビリティが担っている．その向上には，データの意味構造や管理情報を記述する，一つ高い次元のデータ（メタデータ）が重要な役割を果たす．したがって Web のコンテンツデータだけでなく，データを説明するメタデータのためのモデリングが必要である．

3.1.1 関係データベースの欠点

従来の Web では HTML によって人が読める情報が記述され，HTML に書き切れない大量データは別途データベースに格納し必要に応じて表示させる．具体的には，Web サーバから MySQL や PostgreSQL などの関係データベースを呼び出して，その検索結果を HTML 上に表示する．関係データベースは最も普及しているデータベースであるが，Web 上での利用においていくらかの問題を生じる．

関係データベースは一度スキーマが設計されると，その変更には大きなコストが伴う．**図 3.1** は，前章で用いた関係データベースによる商品リストデータのスキーマを拡張する例である．元のデータベーススキーマは三つの属性をもち，商品リスト（メーカー，商品名，値段）と表せる．これに新しい属性「発

メーカー	商品名	値段
A機器	カメラN01Z	21000
B電機	電気カミソリS4	10000
C製作所	冷蔵庫R012	60000

属性の追加 ⇐

発売日
11月1日
5月21日
7月1日

図 **3.1**　データベーススキーマの拡張

売日」を追加して，商品リスト（メーカー，商品名，値段，発売日）としたい．しかし，このような変更の度に行単位に格納されているデータ構造をすべて修正しなければならない．膨大なデータのうちたとえ一部のデータだけに発売日を追加したくても各行に値段を格納する場所が確保される．さらに，Web上のデータベースとして考えるとスキーマの固定化は大きな問題となる．インターネットを介してさまざまなアプリケーションからWebデータを扱いたいわけだが，各サイトのデータベーススキーマを予想または解読するのは不可能である．同じような内容のデータでもサイトごとに設計者が違う考えでスキーマを設計するので，属性の不一致が頻繁に発生してデータの相互利用や統合は難しい．

また，Webの世界では多くのデータがたがいにつながって大きなデータ空間を構成する．しかし，関係データベースではテーブル間の（メタな）関係性を扱うのが容易ではない．例えば，商品リストの他に，**図3.2**のような会社情報を関係データベース化したとする．このとき，データベーススキーマは，会社情報（会社名，業種，創業，格づけ）である．各会社の会社名，主要な業種，創業年とA～Dの格づけをデータ化している．

会社名	業種	創業	格付け
B電機	製造	1990	A
M商事	商社	2005	B
D銀行	金融	1970	A

図**3.2**　会社情報のデータベース

商品リストと会社情報は，メーカーと会社名によってたがいに関係している．通常，関係データベースで二つのテーブルを統合するには，SQLの質問文（SELECT文）でテーブル間の結合（JOIN）を実行する．これは最も計算コストが掛かる操作の上に，どの属性によってどういう条件で結合するかを指定するので両テーブルのスキーマ設計を熟知していなければならない．Webにおいて大量データを実時間でその都度結合するのは不可能で，異なるサイトのデータベーススキーマを熟知するのも現実的ではない．代わりに，二つのテーブル間の関係性を表す別のデータベースをつくるしかない．この方法も新たな種類のデータベースが追加される度に修正しなければならず，スキーマが複雑になり保守も大変になる．

3.1.2 セマンティックデータモデル

先述した関係データベースの問題を解消するために，セマンティックデータモデルを考える．ここでは，図 3.1 と図 3.2 のデータを用いて説明する．商品リストには各行に一つの商品リソースに関するデータが格納され，会社情報には各行に一つの会社リソースに関するデータが格納されている．例えば，商品リストの 1 行目により，商品リソースはメーカー「A 機器」が販売する商品名「カメラ N01Z」の値段は「21000」円であることを意味する．このときセマンティックデータモデルでは，各リソースのデータは属性ごとに分解して以下のような単位で表現する．

(リソース，属性名，値)

リソースごとに名前を付けて，各リソースの属性名と値を付与して三つ組でデータを表す．例えば，一つ目の商品リソースは，つぎのように分解される．

(商品 1，メーカー，A 機器)

(商品 1，商品名，カメラ N01Z)

(商品 1，値段，21000)

リソースの識別（名前）と属性に関する三つ組データにより，関係データベースで生じた問題に対してつぎの利点が得られる．

- スキーマ設計が不要となる
- リソース間の関係性が記述できる

関係データベースでは，スキーマ設計により各テーブルに複数の属性が固定化されている．その一方，セマンティックデータではリソースの名前を含む三つ組によって各属性が分離独立する．これまでメタ情報だった属性名をリソースや属性値と同列に書くため，三つ組を追加するだけで新たな属性を拡張できる．図 3.1 の場合，三つ組 (商品 1，販売日，11 月 1 日) を追加するだけでいいのでスキーマ変更を気にしなくてよい．

このスキーマレスのデータモデルは，各サイトで作成されたデータの統合を容易にする．関係データベースのテーブル間にある関係性を表すとき，二つのリソースと関係名で以下のように記述する．

（リソース１，関係名，リソース２）

例えば，会社情報の各行に会社リソース名を付けて三つ組で表すと，商品リソースと会社リソースの関係性は以下のように三つ組で記述できる．

（商品１，製造元，会社１）

（商品１，輸出業者，会社２）

一つ目は「商品１の製造元は会社１である」を意味し，二つ目は「商品１の輸出業者は会社２である」を意味する．このように，商品リストと会社情報の間にある関係性を記述できて，他に新しいリソース（関係データベースにおけるテーブル）を追加したり，別サイトからデータを統合したりしてもリソース間の関係性を簡単に記述できる．

三つ組によるセマンティックデータモデルは，非常に柔軟性の高い表現方法といえる．リソース間の関係性に加えて，関係データベースにおける概念モデルも三つ組で記述できる．以下では，クラス[†]に関する定義である．

（リソース１，タイプ，クラス１）

（クラス１，サブクラス，クラス２）

例えば，(会社１，タイプ，会社) により会社リソースは会社クラスのインスタンスとなる．さらに (会社，サブクラス，組織) より，会社クラスはそれを包含する組織クラスのサブクラスと宣言できる．

従来のデータベースでは，コンテンツデータとは別にスキーマや概念モデルを記述する．セマンティックデータでは，そうしたメタデータをコンテンツデータと同レベルで扱って Web 上のデータとしての拡張性や柔軟性を高めている．次節で説明する RDF は，セマンティックデータモデルを記述するために Web 標準の枠組みを提供する．

---

† クラスは，個体やインスタンスの集まりを示す．

図 **3.3** は，ティム・バーナーズ＝リーによって提示されたセマンティック Web 技術層の一部である．セマンティック Web の技術は，グローバルな識別子の URI や名前空間を用いて，Web の基本技術上に成り立っている．したがって，Web データ形式に相性のよい XML の技術も含まれる．この技術層の中で，RDF は Web 規模で機械可読性やインターオペラビリティを向上させてデータ統合を可能にするメタデータとセマンティックデータの中核技術である．さらに複雑な意味表現を可能にする技術には，オントロジー記述言語 OWL（web ontology language）がある．

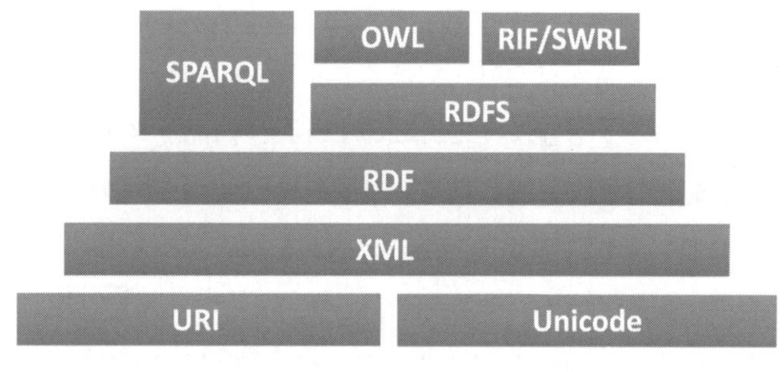

図 **3.3**　セマンティック Web 技術層の一部

3.2　RDF データモデル

3.2.1　RDF の特徴と必要性

RDF（resource description framework）†は，グローバルな識別子の URI を用いてリソースに関する属性や関係を表現する枠組みである．データの Web を実現すべく，RDF には HTML や XML にはない記述能力があり，それはつぎの特徴により実現される．

- URI によるリソース記述
- グラフ構造データ
- 共通語彙（RDF Schema など）

† https://www.w3.org/TR/rdf11-primer/

まず，現実世界やWebに存在するものや情報をすべてリソースという．このとき，Webにかぎらず世の中のすべてのリソースをURIで一意に識別することを前提にリソースを記述する．これはWebの世界がもたらす巨大空間において，インターネット上ですべてのデータを表現しても破綻（はたん）しないためである．組織や個人がそれぞれ閉じた環境でデータベースを構築するのとは異なり，広いWeb空間でデータを作成するにはグローバルな識別子（URI）が不可欠である．このようなRDFのリソース記述によって，リンクトデータというWeb上のデータ空間を実現する．

二つ目の特徴は，RDFデータのグラフ構造モデルである．Webやデータベースの分野では，さまざまなデータモデルが提案されている．関係データベースは多項関係（テーブル）のデータモデルをもち，XMLは木構造データモデルをもつ．RDFのグラフ構造データは，ハイパーリンク構造からなるWeb空間に似ている．URIはURLを包含する識別子なので，HTMLのリンク空間はURIの2項関係からなるグラフ構造と見なせる．その結果，RDFがURI間のリンク関係を表すとき，従来のWebリンク構造を包含する．さらに，多項関係や木構造のデータモデルなどに比べて，グラフ構造モデルはデータ統合が容易である．データのWebでは，不特定多数の人がつくったデータをつなげて再利用するケースがつねである．そのとき，グラフ構造はノードとエッジの集合なので，複数のグラフはノードをつなげば簡単に結合できる．このとき，リソースはURIで表されているので名前の衝突も生じず，同じURIで示されたリソースに関してデータの相互補完が適切に行われる．

三つ目の特徴は，RDF Schemaやオントロジーなどの共通語彙の利用である．RDF SchemaはW3Cで規定された語彙で，リソース関係を記述する基本語彙がURIで定義されている．語彙の共通化は，多様なデータを可読するのに不可決である．しかし従来の関係データベースでは，同じ目的や分野のデータベースでも，各設計者が独立に異なるデータベーススキーマを設計してしまう．

これらのRDFの特徴により，Webの構築のときと同じようにインターネットを介してたがいにリンクした巨大なWebデータ空間が構築される．その上，

RDF のセマンティックデータモデルが機械可読性を高め，グローバルに情報を相互交換して Web アプリケーション間のインターオペラビリティを向上させる．

3.2.2 RDF グラフ

〔1〕**RDF トリプル**　　セマンティックデータを記述するために，RDF はグラフ構造のデータモデルを提供している．このグラフ構造（RDF グラフと呼ぶ）は，リソース間の意味的なリンク関係を記述するネットワークを構築する．**図 3.4** は，事物（リソース）をノードとして，その関係性をエッジとしたグラフを示す．このグラフ内で楕円で書いたノードはリソースを，長方形で書いたノードは文字列を表している．したがって，リソース「本 1」はそのクラスが書籍で著者が兼岩でありコロナ社による出版だと解釈できる．図左下の文字列には，この書籍のタイトルが記述される．RDF グラフは，このようなリソースとその意味的な関係を Web 上のグローバルな名前を用いて記述する．

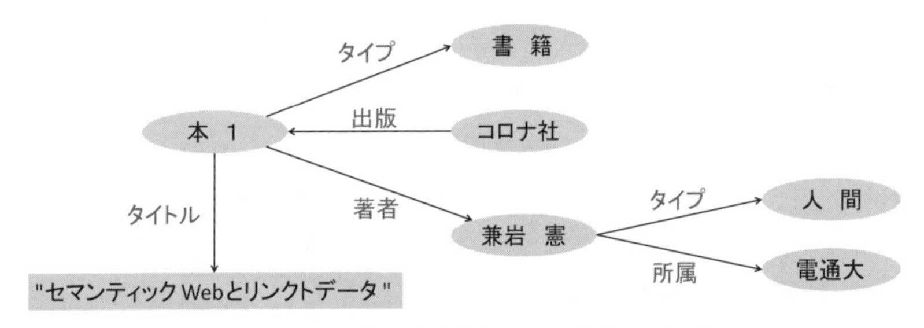

図 3.4　リソース間の意味的なリンク関係によるグラフ

RDF の本質は，Web 空間においてグラフ構造を記述するデータモデルである．RDF グラフは，セマンティックデータモデルに基づき三つ組による言明を基本要素とする．この三つ組は，主語，述語，目的語から構成され RDF トリプルと呼ばれる．主語，述語，目的語は，それぞれ以下のような対象を表す．

主　語：URI が表すリソース

述　語：URI が表す主語と目的語の関係

目的語：URIが表すリソース，リテラルが表すデータ値

主語と目的語にはURIで表したリソースを記述して，二つのリソース間の関係を述語で表す．関係性を示す述語もURIで表された一種のリソースといえる．RDF トリプルは，**図3.5**のようにグラフ構造で図示できる．主語と目的語がノードで，述語が二つのノード間のエッジを意味している．

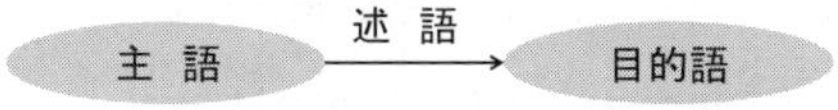

述 語
主 語
目的語

図**3.5**　RDF トリプルの基本要素

主語とは違って，目的語にはリテラルによるデータ値も記述できる．リテラルは，文字列で表されたデータ値でXMLの葉ノードに現れるテキストデータに相当する．リテラルには，プレーンリテラルと型付きリテラルの2種類がある．プレーンリテラルは，つぎのようにタブルクウォーテーションで囲まれた文字列である．

```
"文字列" | "文字列"@言語タグ
```

オプションで言語タグを付与できて，日本語や英語などの使用言語を指示できる．例えば，`"network"@en`は英語で書かれたリテラルを意味する．型付きリテラルは，XML Schemaなどで定義された固定データ型を付与したリテラルである．以下のように，固定データ型はURIで表される．

```
"文字列"^^<URI>
```

例えば，以下はXML Schemaの日付データ型によるリテラルを表す．

```
"2015-7-13"^^<http://www.w3.org/2001/XMLSchema#date>
```

目的語をリテラルで表したとき，RDF トリプルは主語と目的語の関係性というよりむしろ主語リソースの属性値を表す．すなわち，三つ組はリソース（主語），属性（述語），値（目的語）と見なしたほうが適切である．このときRDFでは，属性にはプロパティ，属性値にはプロパティ値という用語を使う．これをグラフ構造で表すと**図3.6**となる．すなわち，主語リソースに関するプロパティを述語で，プロパティ値を目的語で表す．

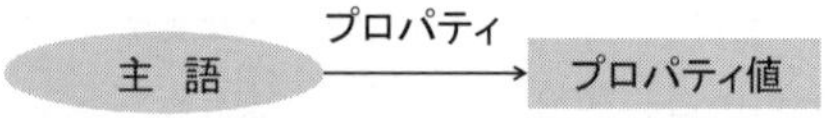

プロパティ
主 語 → プロパティ値

図 **3.6**　RDF トリプルによる属性値の表現

例えば，つぎの RDF トリプルはあるリソースのタイトルが「セマンティック Web とリンクトデータ」であることを示す．

主語：`http://www.uec.ac.jp/k-lab#book1`

述語：`http://www.uec.ac.jp/k-lab#title`

目的語：`"セマンティック Web とリンクトデータ"`

目的語のリテラルは，リソース `book1` に対するプロパティ `title` のプロパティ値である．ここで，主語と述語は `URI` ＋＃＋フラグメント識別子によりリソースを一意に名づける．

RDF トリプルの有限集合により，主語と目的語をノード，述語をエッジとしたグラフ構造（RDF グラフという）を構成する．上記の RDF トリプルに以下を追加した RDF グラフの例を図 **3.7** に示す．

主語：`http://www.uec.ac.jp/k-lab#book1`

述語：`http://www.uec.ac.jp/k-lab#author`

目的語：`http://www.uec.ac.jp/k-lab#KenKaneiwa`

この RDF トリプルは，書籍リソースの著者を示す．リソース `book1` の著者はリソース `KenKaneiwa` であることをリソース間の関係性で表現している．書籍リソースに対して，二つの RDF トリプルがそれぞれ下と右下のノードを追加するようにデータが作成される．他にも表現したいリソースがあればそれを URI で表して，関係やプロパティを示すエッジを介してノードを新たに追加する．

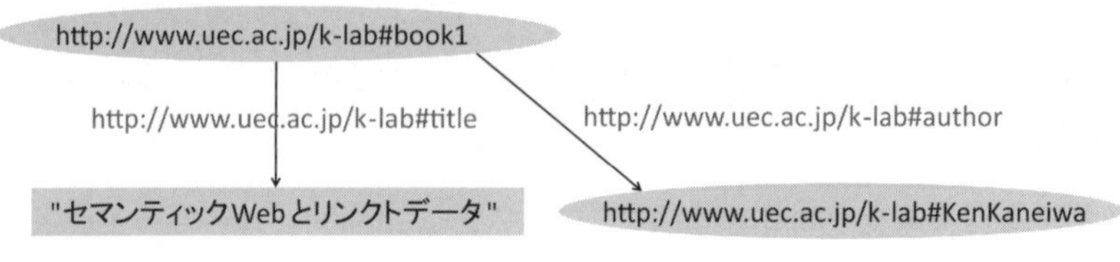

図 **3.7**　RDF グラフの例

RDFでは，Web上のURI（識別子）をもたない不特定なリソースも表現できる．世の中に存在するリソース（例えば，目の前にある鉛筆や町ですれ違った人など）には，必ずしもURIが割り当てられているとはかぎらない．すなわち，Webには存在しない現実物の名称（文字列による名前）があってもURIが未定のリソースを表現する．このようなリソースの表現は空ノードと呼ばれ，RDFグラフ上で主語と目的語のノードにのみ出現して述語のエッジには現れない．例えば，**図3.8**は図3.7内の書籍リソースを空ノード`_:x`で表した例である．空ノードは`_:`名前で表され，その名前はRDFデータセット内でのみ使われ，リソースのグローバルな識別子とはならない．

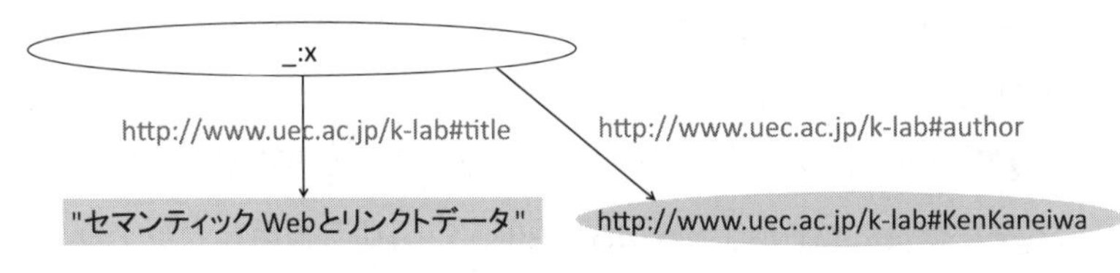

図3.8 空ノードを含むRDFグラフ

厳密には，空ノードは存在量化を意味し以下の述語論理式を記述できる．

$\exists x \exists y.knows(x, y)$「誰かが誰かを知っている」

このとき，存在量化子に束縛されている変数x, yが空ノードに相当する．この論理式の正確な解釈は，「あるx, yが存在して，xはyを知っている」となる．上記の述語論理式をRDFトリプルで表すと，以下のようになる．

主語：`_:x`

述語：`http://xmlns.com/foaf/0.1/knows`

目的語：`_:y`

〔2〕 **URIの役割**　RDFトリプルでは，すべてのリソースがURIで表される．これにより，グローバルな名前づけによるWeb規模のデータ空間が可能になる．なぜならば，単純に名前を付けるとWeb上でリソースを区別できな

い問題が発生するからである．例えば，名前 Kintaro では昔話の「金太郎」と近所に住む「金太郎さん」とを区別できない．

URI を用いるもう一つの理由は，URI がサーバ名，プロトコル，ホスト名，ファイル名などの情報を一つに収められることである．この結果，リソースに関して Web 上で入手できる情報が用意できる．リソースに付けられた URI へアクセスすれば，ブラウザなどから HTTP プロトコルで Web サーバから関連情報を取り出せる．さらに RDF データ内のリソースは，異なる Web サイトをまたがって複数の URI を参照してもよい．これにより，別サイトとのデータとつながってリンクトデータという Web 規模のデータ空間が構成される．このように，RDF トリプルの主語と目的語でたがいに別サイトのリソースを参照するとき，RDF リンクという．

〔3〕 **QName**　URI は，グローバルな識別子であるがゆえに冗長な表現をもたらす．そのため名前空間接頭辞を用いて URI を簡潔に表現する．以下は，名前空間接頭辞を用いた QName（qualified name，修飾名）と呼ばれる記法である．

　　名前空間接頭辞:識別子

例えば，以下の URI 内で `England` 直前までの部分を名前空間接頭辞 `dbr` とし，QName で `dbr:England` と記述できる．

```
http://dbpedia.org/resource/England
```

このときデフォルト名前空間として宣言すれば，接頭辞を省略して `:England` と書ける．

QName は，W3C で標準化されたさまざまな共通語彙を簡潔に表すために用いられている．世界中の人々が QName による共通語彙を使えば，膨大な Web データがたがいに意味的につながっていく．以下は，セマンティック Web のメタデータとオントロジーの共通語彙のために W3C が提供する標準名前空間である．

接頭辞	名前空間 URI
rdf	`http://www.w3.org/1999/02/22-rdf-syntax-ns#`
rdfs	`http://www.w3.org/2000/01/rdf-schema#`
owl	`http://www.w3.org/2002/07/owl#`

`rdf` は，メタデータ記述で使われる RDF の基本語彙を定義する．`rdfs` は，サブクラスやサブプロパティなどの簡単な概念モデルの記述に使われる RDF Schema 語彙を定義している．また，`owl` は RDF と RDF Schema の語彙では表現できない複雑なオントロジーを記述するために，Web オントロジー言語 OWL の語彙を定義する．

3.3 RDF シリアライズ

前節で説明した RDF グラフを実際にテキスト形式で作成するためにシリアライズが用意されている．ここでいうシリアライズとは，ファイルシステムやインターネットで処理できるようにデータをテキスト形式などに記述することをいう．RDF のシリアライズは，複数の種類が提案されている．すなわち，RDF データモデル上は同じ RDF データでも，異なるシリアライズで作成できる．人やプログラムが読み書きする上で，用途に応じて簡潔性，可読性，互換性，標準形式などを基準に適切なシリアライズを選ぶ．

3.3.1 N–Triples

RDF グラフは，RDF トリプルの有限集合によって記述される．各 RDF トリプルを直接的に記述する形式に N–Triples がある．N–Triples はつぎのような形式で表され，目的語が URI とリテラルの場合がある．

```
<主語URI> <述語URI> <目的語URI> .
<主語URI> <述語URI> "目的語の文字列" .
```

各 URI の表現に QName は使えず，`<URI>`により完全な URI を直接書かなければならない．各リテラルは"文字列"と書いて URI とは区別され，言語タグやデータ型を付与できる．以下は，N–Triples による RDF トリプルの例である．

```
<http://www.uec.ac.jp/k-lab#book1>
<http://www.uec.ac.jp/k-lab#title>
"セマンティック Web とリンクトデータ" .
```

このように，N–Triples の構文はスペース区切りの単純な形式なので特別なパーザがなくても読込み可能である．

さらに，以下の RDF トリプル例は空ノードを用いて電通大のリソースを N–Triples で表す．

```
_:u <http://xmlns.com/foaf/0.1/name> "電通大" .
_:u <http://xmlns.com/foaf/0.1/homepage>
                        <http://www.uec.ac.jp/index.html> .
```

このとき，実在する大学で名前も Web ページもあるが，大学リソースを示す URI が未定である．そのため，大学リソースを空ノード _:u で表す．二つの RDF トリプルの意味は，「電通大という文字列名と http://www.uec.ac.jp/index.html のホームページをもつリソースが存在する」である．

3.3.2 N3 と Turtle

N3 (Notation 3) は，QName や相対 URI などの省略表現を用いて N–Triples を簡潔に表現した形式である．本来 N3 の構文は，パス，ルールや論理式などの表現能力をもって RDF グラフより強力である．そのため，N3 を単純化した Turtle (terse RDF triple language) [†]が提案されている．すなわち，Turtle は RDF グラフ表現に絞った N3 のサブセットであり，すべての Turtle 表現は N3 表現でもある．

N3 形式では，RDF データの先頭につぎのような名前空間接頭辞の宣言を列挙する．

```
@prefix 名前空間接頭辞: <URI> .
```

† https://www.w3.org/TR/turtle/

これにより，QNameを使ったRDFトリプルを記述できる．また，以下はベースURIの宣言である．

```
@base <URI>
```

RDFトリプルに現れる相対URIは，このベースURIにより完全なURIとなる．N3およびTurtleによるRDFトリプルの構文は，以下のとおりである．

```
(QName | <URI>) (QName | <URI>)
                              (QName | <URI> | "文字列") .
```

ただし，構文内で(QName | <URI>)はQNameまたは<URI>を示す．これにより，QNameと相対URIによって簡潔にRDFトリプルを記述できる．

例えば，以下はベースURIと名前空間接頭辞の宣言である．ベースURIは一つであるが，名前空間接頭辞は複数宣言してもよい．

```
@base <http://www.uec.ac.jp/k-lab> .
@prefix rdf: <http://www.w3.org/1999/02/22-rdf-syntax-ns
#> .
```

このとき，RDFトリプルは以下のように簡潔に記述できる．

```
<#book1> <#title> "セマンティックWebとリンクトデータ" .
<#book1> rdf:type <#Book> .
```

ここで，ベースURIによって簡潔な相対URIの表現を用いている．rdf:typeは，RDF語彙の名前空間接頭辞rdfによるQNameである．

以下は名前空間接頭辞dbrとschemaを追加し，上記のベースURIをデフォルト名前空間で宣言した例である．

```
@prefix : <http://www.uec.ac.jp/k-lab#> .
@prefix rdf: <http://www.w3.org/1999/..-rdf-syntax-ns#> .
@prefix dbr: <http://dbpedia.org/resource/> .
@prefix schema: <http://schema.org/> .
```

このとき，RDFトリプルは以下のように記述できる．

```
:book1 :title "セマンティックWebとリンクトデータ" .
:book1 :author :KenKaneiwa .
```

```
:book1 rdf:type schema:Book .
:KenKaneiwa :livesIn dbr:Tokyo .
```

この RDF データは，主要なリソースをデフォルト名前空間の URI で簡潔に記述している．その他の名前空間接頭辞は，必要に応じて追加される．

N3 や Turtle には，その他に人が読みやすいよういくらかの省略表現が用意されている．よく使われる RDF 語彙 rdf:type の省略形は，a である．以下は，「東京都は場所クラスのインスタンスである」ことを示す．

```
dbr:Tokyo a schema:Place .
```

なお，schema:Place は場所を示すクラス語彙であり，http://schema.org/ で定義されている．

多くの RDF データは，あるリソースを共通の主語にして複数の RDF トリプルからその属性情報（プロパティ）をいくつも列挙する．そのような RDF データには，例えば DBpedia や関係データベースからの変換データなどがある．このように，同じ主語をもつ RDF トリプルが頻繁に出現するとき，ピリオドでトリプルの終端を示す代わりにセミコロンで同じ主語の述語と目的語を連結する．以下は，東京都リソースに関して複数の属性情報を列挙した例である．

```
dbr:Tokyo a schema:Place ;
               dbo:country dbr:Japan ;
               dbo:isPartOf dbr:Honshu .
```

2 行目は「東京都が属す国は日本である」，3 行目は「東京都は本州の一部である」を示す．1 行目のトリプルからセミコロンで連結しているので，2，3 行目は 1 行目の主語を継続して東京都を共通の主語とする．ここで名前空間接頭辞 dbo は http://dbpedia.org/ontology/ を示す．

主語だけでなく，主語と述語の同じ組合せが何回か使われる場合がある．例えば，一つの主語リソースがいくらかのクラスのインスタンスであるとき同じ述語（rdf:type）で宣言される．このとき，RDF トリプルの終端にコンマで同じ主語と述語をもつ目的語を連結する．以下は，東京都リソースが属す複数のクラスを書いた例である．

```
dbr:Tokyo a schema:Place, schema:City, geo:SpatialThing .
```

これは主語と述語が同じ三つのRDFトリプルを示しており，「東京都は場所，町，空間物のクラスのインスタンスである」ことを示す．なお，geo:SpatialThing は W3C で定義された空間物のクラス語彙であり，名前空間接頭辞 geo は http://www.w3.org/2003/01/geo/wgs84_pos#を示す．

RDF データの作成では，多くの語彙が異なるサイトで定義されるため同じような意味の語彙が重複して存在したりする．Web の世界ではさまざまな人や組織が語彙を定義してくれるおかげで，データの多様性と拡張性をもたらす．その副作用で同じような語彙が定義される冗長性が生じてしまう．これは Web のよいところでもあり難しいところでもある．この異なる名前空間で定義された共通語彙は，似たような意味の語彙であっても機械可読性の向上に役立つ．なぜならば，複数の共通語彙を使って記述したほうが，多種多様なアプリケーションからデータを解釈できる可能性が高まるからである．

N3 や Turtle では，空ノードは N–Triples と同じく_:名前で表されるが，空ノードを括弧 [] を用いて表現してもよい．ただし，空ノードの述語はないので括弧表現は主語と目的語で使われる．例えば，以下は空ノードを含む N–Triples の例で「誰かが誰かを知っている」を表す．

```
[] foaf:knows [] .
```

このとき，主語と目的語の空ノードに名前はなくたがいに独立している．

さらに，空ノードの括弧表現を応用した略記方法を示す．空ノードの括弧表現にセミコロンによる主語の省略を合わせて，つぎのように表現できる．

```
[] foaf:name "電通大" ;
   foaf:homepage <http://www.uec.ac.jp/index.html> .
```

また，空ノードの括弧内に述語と目的語の組を入れ子にして列挙すれば，空ノードを共通主語としていくつかの述語と目的語の組を追加できる．

```
[述語 目的語; ...; 述語 目的語]
```

この表現は，RDF グラフにおいて一つの空ノードが存在してそれを起点に複数伸びるノードを追加する．この括弧表現は，（RDF トリプルではなく）空ノードを示すので RDF トリプルの主語もしくは目的語に挿入しなければならない.

例えば，以下は括弧内に入れ子表現を用いた空ノードである.

```
[rdfs:label "Cat"; a dbo:Species]
```

これは「あるリソースが存在して，その名称は Cat で dbo:Species クラスのインスタンスである」ことを意味する. これを空ノードの括弧表現なしで表すと，以下の RDF トリプルになる.

```
_:x rdfs:label "Cat" .
_:x a dbo:Species .
```

括弧内の入れ子表現を空ノードとして目的語に挿入すると，以下のように RDF トリプルの連結を簡潔に書くのに便利である.

```
:mycat a [rdfs:label "Cat"; a dbo:Species] .
```

これは，:mycat で表した猫リソースが空ノードで表したリソースのインスタンスであることを示す. 空ノードの括弧表現を使わず表すと，以下の RDF トリプルに対して（上記で例示した）空ノード_:x を主語にもつ二つの RDF トリプルを連結したことになる.

```
:mycat a _:x .
```

このとき空ノードは，:mycat を主語とした RDF トリプルの目的語となり，さらに括弧表現の入れ子で連結した述語と目的語の主語となる.

また，以下は空ノードの括弧表現を RDF トリプルの主語に挿入している.

```
[rdfs:label "Cat"] a dbo:Species .
```

この表現は，_:x を主語にもつ二つの RDF トリプルの例とまったく同じ意味になる.

つぎに，丸括弧を用いたコレクション表現を説明する. コレクションとは，rdf:first，rdf:rest と rdf:nil の RDF 語彙を用いた一種のリスト構造である. 例えば，以下は東京，大阪，名古屋の三つの都市リソースからなるリスト構造である.

```
_:x rdf:first dbr:Tokyo; rdf:rest _:y .
_:y rdf:first dbr:Osaka; rdf:rest _:z .
```

```
_:z rdf:first dbr:Nagoya; rdf:rest rdf:nil .
```

リスト内の各要素は，空ノードの主語と述語 rdf:first に対する目的語に配置される．その上で，述語 rdf:rest とその目的語の空ノードを介して，リスト内の次要素と連結する．述語 rdf:first の主語（例えば，_:y）はいずれも目的語（例えば，dbr:Osaka）を開始要素にして構成されるリストを指す（空ノードの）リソースである．リスト構造の最後には，rdf:nil を明記する．

N3 や Turtle では，コレクションを丸括弧を用いて簡潔に表現できる．以下は，上記の 3 都市のリスト構造を簡潔に書いた例である．

```
(dbr:Tokyo dbr:Osaka dbr:Nagoya)
```

コレクションの丸括弧表現は，空ノードの括弧表現と同じように主語と目的語に挿入できる．(e1 ... en) p o .のように主語に挿入されれば，コレクション（リスト構造）を指す最初の空ノード（上記の例では_:x）を主語としたRDF トリプル_:x p o . _:x rdf:first e1; ... が形成される．また，s p (e1 ... en) .のように目的語に挿入されれば，その空ノードを目的語としたRDF トリプル s p _:x . _:x rdf:first e1; ... が形成される．この丸括弧表現の挿入は，コレクションを指す空ノードを主語や目的語にした別の RDF トリプルを記述する．

コレクションの丸括弧表現と空ノードの括弧表現は，いずれも括弧を何重にでも入れ子にして複雑な表現ができる．例えば，上記のコレクションで二つ目の要素を入れ子にすると以下のようになる．

```
(dbr:Tokyo (dbr:Osaka) dbr:Nagoya)
```

これにより，リスト要素 dbr:Tokyo と dbr:Nagoya に関する RDF トリプルの記述はそのままだが，第 2 要素の dbr:Osaka に関するトリプルが以下のように変更される．

```
_:y rdf:first _:y1; rdf:rest _:z .
_:y1 rdf:first dbr:Osaka; rdf:rest rdf:nil .
```

入れ子内で rdf:first，rdf:rest と rdf:nil を用いて，新たなリスト構造が形成される．1 行目の目的語を示す空ノード_:y1 が，外側のリスト構造におけるる第 2 要素を示す．それを主語にして連結するように入れ子内のリスト構造が形成される．すなわち，内側のリスト構造を`_:y1`で表して，外側のリスト構造と連結する．この手順で空ノードの括弧表現を入れ子にしても，同じように外側の要素と内側の構造を空ノードで連結する．

3.3.3　RDF/XML

RDF/XML† は，Web データ形式として用いられる XML 文書で RDF トリプルを記述する．RDF/XML のタグ表現は機械可読性を高めるが，人が読むには少々複雑な構文となる．ただし必ずしも RDF/XML 形式を人が理解しなくても，グラフ構造や URI によるデータモデルの本質は失われない．ツールを使えば，簡単に N–Triples や N3 などの読みやすい形式へ相互変換できる．

RDF/XML 形式のデータは XML 文書であるので，以下の基本記述に従う．

```
<?xml version="1.0"?>
<rdf:RDF
 xmlns:rdf="http://www.w3.org/1999/02/22-rdf-syntax-ns#">
  ...
</rdf:RDF>
```

1 行目で XML 文書であることを宣言して，ルート要素に`rdf:RDF`とその属性に名前空間接頭辞`rdf`を宣言する．この`rdf:RDF`の子要素内に，ユーザが記述したいリソースを追加していく．まず，以下のように`rdf:Description`タグが一つのリソースを導入する．`rdf:about`属性にリソースの URI を書いて，その子要素にリソースの属性情報（プロパティ）を記述する．

```
<rdf:Description rdf:about="リソース URI">
```

さらに別のリソースについて記述するときは，`rdf:RDF`の子要素として上記の終了タグ後に別の`rdf:Description`要素を追加する．なお，以降では XML 文書宣言とルート要素`rdf:RDF`の記述は省略する．

具体的に，RDF トリプルを書く構文を説明する．以下の RDF/XML 形式

† https://www.w3.org/TR/rdf-syntax-grammar/

は，主語URI，述語QName，目的語URIからなる単純なRDFトリプルを記述している．

```
<rdf:Description rdf:about="主語URI">
  <述語QName rdf:resource="目的語URI" />
</rdf:Description>
```

もし目的語がリテラルならば，以下のようにXML木構造データの葉ノードを書く要領で述語QNameタグのテキストデータに文字列を記述すればいい．

```
<rdf:Description rdf:about="主語URI">
  <述語QName>文字列</述語QName>
</rdf:Description>
```

一つのリソースに関して複数の属性情報を記述するには，rdf:Descriptionタグの子要素を列挙する．これにより，一つの共通した主語に述語と目的語の組をいくらか追加できる．例えば，以下はDBpediaのWWWリソースを主語として，述語と目的語の組を二つ記述している．

```
<rdf:Description
 rdf:about="http://dbpedia.org/resource/World_Wide_Web">
 <owl:sameAs
  rdf:resource="http://www.wikidata.org/entity/Q466" />
 <rdfs:label>World Wide Web</rdfs:label>
</rdf:Description>
```

最初の述語にowl:sameAsを用いて，主語が示すDBpediaのURIがWikidataのhttp://www.wikidata.org/entity/Q466と同一リソースを示すことを宣言する．つづく述語rdfs:labelにより，WWWリソースの文字列名称をリテラルで記述している．このRDFトリプルは，つぎのようにN3形式で記述できる．

```
dbr:World_Wide_Web owl:sameAs wd:Q466 .
dbr:World_Wide_Web rdfs:label "World Wide Web" .
```

なお，http://www.wikidata.org/entity/は名前空間接頭辞wdで表す．

RDF/XML 形式では木構造データの特性を生かして，子要素の入れ子構造を用いて RDF グラフにおける二つ先のノードを表現する．つぎの表現は，rdf:Description タグの子要素に述語 QName タグを書いてその子要素に再び rdf:Description 要素を導入する．

```
<rdf:Description rdf:about="主語URI">
  <述語QName>
    <rdf:Description rdf:about="目的語URI>
      <述語QName rdf:resource="目的語URI" />
    </rdf:Description>
  </述語QName>
</rdf:Description>
```

これは二つの連結した RDF トリプルを表しており，第一 RDF トリプルの目的語と第二 RDF トリプルの主語が同一リソースとなる．すなわち，二つ目の rdf:Description 要素の目的語 URI は入れ子内につづく RDF トリプルの主語でもある．ここで二つ目の rdf:Description 要素内で rdf:about 属性を省略すると，連結をなす目的語と主語の URI は空ノードとなる．

例えば，上記の WWW リソースの RDF トリプルを変更して owl:sameAs の子要素に rdf:Description 要素を追加すると以下のようになる．

```
<rdf:Description rdf:about=".../World_Wide_Web">
 <owl:sameAs>
  <rdf:Description rdf:about=".../entity/Q466" />
   <wdt:P527 rdf:resource=
      "http://www.wikidata.org/entity/Q35127" />
  </rdf:Description>
 </owl:sameAs>
</rdf:Description>
```

主語.../World_Wide_Webから目的語.../entity/Q466（Wikidata で WWW を示す）を経由し，内側の rdf:Description 要素内で述語タグ wdt:P527（has partを示す）とその属性に目的語.../entity/Q35127（Webサイトを示す）が加わる．名前空間接頭辞wdtは，http://www.wikidata.org/prop/direct/を表す．このRDFトリプルは，以下のようにN3形式で書ける．

```
dbr:World_Wide_Web owl:sameAs wd:Q466 .
wd:Q466 wdt:P521 wd:Q35127 .
```

上記例でwd:Q466を空ノードにすると，N3形式では以下のようになる．

```
dbr:World_Wide_Web owl:sameAs [wdt:P521 wd:Q35127] .
```

この書換えをRDF/XML形式で行うのは簡単で，上記のrdf:Description要素にあるrdf:about属性を取り除くだけでよい．このようにrdf:about属性のないrdf:Description要素を入れ子にしていけば，目的語と主語が空ノードで連結されたRDFトリプルをいくつでも生成できる．

つづいて，rdf:Description要素を用いないRDFトリプルのRDF/XML形式を説明する．以下は，タイプ付きリソースを主語としたRDFトリプルである．

```
<クラスQName rdf:about="主語URI">
  <述語QName rdf:resource="目的語URI" />
  <述語QName>文字列</述語QName>
</クラスQName>
```

rdf:Descriptionタグの代わりにクラスのQNameを書いて，rdf:about属性にそのクラスに属すリソースの主語URIを記述する．それにより，以下のようなクラスのインスタンスを宣言できる．

```
<主語URI> rdf:type クラスQName .
```

例えば，以下のRDF/XML形式は，タイプ付きの富士山リソースに関するRDFトリプルである．

```
<dbo:Volcano
 rdf:about="http://dbpedia.org/resource/Mount_Fuji">
 <dbo:elevation>3776.0</dbo:elevation>
</dbo:Volcano>
```

これにより，富士山リソースは火山クラスのインスタンスとなる．この RDF トリプルは，dbo:Volcano タグの子要素 dbo:elevation とリテラルにより，富士山の標高が 3776 メートルであることを意味する．この RDF/XML 形式を N3 形式で書き直すと，以下のようになる．

```
dbr:Mount_Fuji a dbo:Volcano ;
                 dbo:elevation "3776.0" .
```

3.3.4 JSON–LD

Web データ形式には XML の他に木構造データを記述する JSON があり，近年 JSON を用いた RDF トリプルのシリアライズ（JSON–LD と呼ぶ）が提案されている．JSON–LD では，オブジェクトの文字列と値の組をうまく使って RDF トリプルを表す．リンクトデータの簡潔な記述を目的にしており，JSON–LD は XML/RDF のような冗長な構文にはなっていない．

JSON–LD による RDF データは，一つのオブジェクトの中で文字列と値の組を列挙して表現する．ここでは，名前空間接頭辞の定義部分（前半）と RDF トリプル部分（後半）とに分けて説明する．最初に，@context のアットマーク付きの文字列と組をなす値にオブジェクトが記述される．

```
{ "@context": {
      "名前空間接頭辞" : "URI", ... },
   "文字列": 値,...,"文字列": 値
}
```

この@context の値（オブジェクト）には，名前空間接頭辞を定義する組が列挙される．例えば，以下は名前空間接頭辞 rdf の宣言が文字列と値の組で表されている．

```
{ "@context": {
   "rdf": "http://www.w3.org/1999/02/22-rdf-syntax-ns#"}
```

@context の後につづく文字列と値の列には，RDF トリプルが記述される．ただし，名前空間接頭辞の定義部分が不要であれば，RDF トリプルから書き初

めてもよい．JSON–LDでは，URIの記述に`@id`を使う．以下の構文は，主語URIのリソースに対して述語URIと目的語URI，および述語URIとリテラルからなる二つRDFトリプルを表す．

```
"@id": "主語URI",
"述語URI": { "@id": "目的語URI" },
"述語URI": "文字列"
```

ここで主語，述語と目的語のURIはダブルクォーテーションで囲まれたQNameでも構わない．以下は，JSON–LDによるRDFトリプルの記述例である．

```
"@id": "http://dbpedia.org/resource/World_Wide_Web",
"owl:sameAs":
  { "@id": "http://www.wikidata.org/entity/Q466" },
"rdfs:label": "World Wide Web"
```

以下のように，目的語URI1の後に述語URI2を追加すればこの目的語URI1とオブジェクト内の主語が同一となり連結したRDFトリプルが追加できる．

```
"@id": "主語URI",
"述語URI1": { "@id": "目的語URI1",
              "述語URI2": { "@id": "目的語URI2",
                            "述語URI3": { ... } }}
```

さらに述語URI2の値をオブジェクトで入れ子にしていけば，目的語URI2を主語とするRDFトリプルが連結される．一方，空ノードを明示したいときは`"@id": "_x"`とすれば，この空ノードを含んだ他のRDFトリプルと連結できる．

また，リンクトデータを簡潔に記述するために，以下のように`@id`で主語URIを明示しない記法がある．JSON–LDでは，`rdf:type`語彙を`@type`で表す．

```
"@type": "dbo:Planet",
"rdfs:label": "Moon"
```

主語リソースが`dbo:Planet`クラスのインスタンスであり，Moonの文字列名称をもつ．この記法は，N3やTurtleにおける空ノードの括弧表現 `[述語 目的語; ...; 述語 目的語]` の構文に似ている．例えば，N3やTurtleによるRDF

トリプルの:mycat a [rdfs:label "Cat"; a dbo:Species] は，以下のように JSON–LD で書ける．

```
"@id": ":mycat",
"@type": { "rdfs:label": "Cat",
           "@type": "dbo:Species" }
```

上記の JSON–LD 例では，リテラルを単純に文字列で書いている．型や言語タグを付けたリテラルの構文は，つぎのようにオブジェクトで表される．

```
"述語 URI": {
 ("@type": "型 URI" | "@language": "言語タグ"),
  "@value": "文字列" }
```

二つの項目を分けて，@value 部分にリテラルの値を書いて@type と@language にリテラルの型や言語タグを書く．構文内で，(A|B) は A または B を示す．例えば，以下は言語タグを日本語とした例である．

```
"rdfs:label": { "@language": "ja",
                "@value": "月" }
```

JSON の構文では，括弧 [ ] は値のリストを表現する．これを使えば RDF トリプルをいくらか簡潔に記述できる．N3 や Turtle では，目的語のリストにコンマを用いて主語と述語の同じ組をもつ RDF トリプルを主語　述語　目的語, . . . , 目的語のように表していた．JSON–LD では，これを以下のように記述できる．

```
"@id": "dbr:Tokyo",
"@type": ["schema:Place", "schema:City",
          "geo:SpatialThing"]
```

主語 dbr:Tokyo と述語 rdf:type の組を共通にもつ三つの目的語を括弧内に列挙している．

JSON–LD では，JSON の二つの括弧をうまく使いこなして RDF トリプルを簡潔に表している．オブジェクトは文字列と値のリストなので RDF トリプルを連結する入れ子構造を表現でき，値だけのリストは目的語を列挙できる．

ここまでは一つのリソースに関する RDF トリプルを説明したが，リストでオブジェクトを列挙すれば複数のリソースに関してRDFトリプルを書くよう拡張できる．以下の構文は，@graphを用いてその値の [ ] 部分にオブジェクト{...}の列を挿入してRDFトリプルを記述する．

```
{ "@context": {
     "名前空間接頭辞" : "URI", ... },
   "@graph": [ {"@id": "主語URI", ... },...,{   } ]
}
```

@graph内では，これまで述べた記述方法を用いて各オブジェクトの{"@id": "主語URI", ... }が一つのリソースに関するRDFトリプルを表している．

3.4 RDF(S) 語 彙

これまで説明したRDFトリプルには，すでにいくらかの名前空間で定義された共通語彙が使われている．W3Cやその他の組織は，RDFデータの作成で広く普及している共通語彙を公開している．特に，W3CではRDFの基本語彙としてRDFとRDF Schemaの語彙（両方合わせてRDF(S)語彙という）を定義し，加えてオントロジー記述のためのOWL語彙を定義している．RDF語彙は最も基本的な語彙であり，それを拡張したのがRDF Schema語彙である．それぞれの名前空間接頭辞は，以下により宣言される．

```
@prefix rdf:
          <http://www.w3.org/1999/02/22-rdf-syntax-ns#> .
@prefix rdfs: <http://www.w3.org/2000/01/rdf-schema#> .
```

本節では，RDF(S)語彙の意味だけでなくRDFトリプルの記述でどのように使われるか，共通語彙の役割に沿って説明する．

3.4.1 基 本 語 彙

〔1〕**rdf:type語彙**　RDFトリプルの述語で最も使われるRDF語彙は，rdf:typeである．rdf:typeの役割は重要で，各リソースがなんなのか型（ク

ラス）を示すメタデータである．セマンティック Web では，すべてのリソースはその型を明確にすることが望まれる．例えば，以下のように日本が国クラスのインスタンスであることを宣言してはじめて，コンピュータ（プログラム）は dbr:Japan が国名だと理解できる．

```
dbr:Japan rdf:type dbo:Country .
```

さらに rdf:type は，これから説明する RDF(S) 語彙がどのような役割をもつかを宣言する．具体的には，以下のように RDF(S) 語彙を主語として，指定したクラスのインスタンスであることで役割が決まる．

```
RDF(S) 語彙 rdf:type 役割を示すクラス .
```

まず，以下は語彙の役割を示す二つのクラスである．

rdf:Property　プロパティクラス

rdfs:Class　クラスのクラス

これらを使って以下の例により，rdf:type はプロパティクラスのインスタンスとなり，プロパティ（述語）として RDF トリプルの記述に使われる．

```
rdf:type rdf:type rdf:Property .
```

このように，プロパティクラスに属すときプロパティ語彙と呼ぶ．一方で，rdfs:Class クラスのインスタンスとなるときクラス語彙と呼ぶ．クラス語彙は，リソースの型を宣言するクラスとして使われる．

〔**2**〕**リソース属性の語彙**　つぎに挙げるのは，リソースの属性を記述するためのプロパティ語彙である．RDF トリプルにおいて，主語リソースに対して，プロパティ語彙で述語を示して目的語にプロパティ値を記述する．

rdfs:label　文字列による名前表現

rdfs:comment　コメントの記述

rdfs:seeAlso　他の情報への参照

rdfs:isDefinedBy　目的語は主語が示すリソースの定義

rdf:value　リソースの値

最初の rdfs:label と rdfs:comment はリソースを説明する人間向けの記述であり，rdfs:seeAlso は関連した情報リソースへのリンクを示している．DBpediaでは人名，地名，作品など多くのリソースが導入され，これらのプロパティ語彙によってリソースの説明とリンク先が記述される．例えば，以下は惑星に関する属性データを示したDBpediaのRDFトリプルである．

```
dbr:Planet rdfs:label "Planet" ;
rdfs:comment "惑星とは、恒星の周りを回る天体のうち、比較的低質量のものをいう。" ;
rdfs:seeAlso dbr:Heliocentrism .
```

ここで地動説（dbr:Heliocentrism）が関連情報として参照されている．

プロパティ語彙のrdfs:isDefinedByは，主語リソースを定義する他のリソースを参照する．例えば，以下のRDFトリプルは脳の概念がDBpediaオントロジーで定義されていることを示す．

```
dbr:Brain rdfs:isDefinedBy
                <http://dbpedia.org/ontology/> .
```

rdf:valueはリソースの値を示すプロパティ語彙であり，別の属性と合わせてリソースの値を表現できる．例えば，リソースの長さなどを表すとき，以下のように長さの単位と合わせてその値を記述する．

```
_:x dbp:length [rdf:value "178"; :units "cm"] .
```

このとき，単位と値の組は，空ノードを介して結合される．:units "cm"は，単位がセンチメートルであることを示す．なお，http://dbpedia.org/property/は名前空間接頭辞dbpで示す．

3.4.2 オントロジー記述の語彙

オントロジーは，世の中の存在物を定義する学問や方法論である．コンピュータ分野では，語彙間の関係性からなる概念階層によってオントロジーを定義する方法が一般的である．クラスとプロパティに関する簡単なオントロジーを構築するために，RDF Schema語彙には以下のプロパティ語彙が用意されている．

rdfs:subClassOf　サブクラス関係

rdfs:subPropertyOf　サブプロパティ関係

rdfs:domain　プロパティの定義域

rdfs:range　プロパティの値域

リソースの型を定めるためにさまざまなクラス語彙があり，それらのサブクラス関係によりクラスの意味が定義される．例えば，以下は二つの語彙 dbo:Bank と dbo:Campany の間に成り立つサブクラス関係を言明している．

```
dbo:Bank rdfs:subClassOf dbo:Campany .
```

これにより，銀行クラスのインスタンスはすべて会社クラスのインスタンスであることが成り立つ．

また，プロパティの概念階層を構築するサブプロパティ関係も用意されている．例えば，以下の RDF トリプルは「ニュートンの生まれた土地は，リンカンシャーである」ことを dbo:birthPlace プロパティで示す．

```
dbr:Isaac_Newton dbo:birthPlace dbr:Lincolnshire .
dbo:birthPlace rdfs:subPropertyOf dul:hasLocation .
```

dbo:birthPlace は dul:hasLocation のサブプロパティとなり，ニュートンとリンカンシャーは「場所をもつ」関係が成り立つ．なお，名前空間接頭辞 dul は，http://www.ontologydesignpatterns.org/ont/dul/DUL.owl# を表す．

RDF トリプルでは，プロパティ語彙は 2 項関係を示す述語に使われる．このようなプロパティ語彙に対して，rdfs:domain と rdfs:range により定義域と値域を宣言できる．定義域と値域は，プロパティの使用時にそれぞれ主語リソースと目的語リソース（またはリテラル）の型を限定する．例えば，以下はプロパティの定義域と値域を定める．

```
dbo:birthPlace rdfs:domain dbo:Person ;
                     rdfs:range dbo:Place .
```

すなわち，dbo:birthPlace を述語としたとき，主語は人間のインスタンス，目的語は場所のインスタンスでなければならない．

3.4.3 リストや言明の語彙

RDF には，リソースの集まりを表す二つの方法（コンテナとコレクション）

がある．コンテナはオープンなリストであり，コレクションは閉じたリストである．閉じたリストとは，完全ですべての要素が含まれるリストである．オープンなリストは，不完全ですべての要素が含まれている保証がないリストである．コレクションやコンテナの RDF(S) 語彙には，以下が用意されている．

rdf:first　コレクションの開始要素

rdf:rest　コレクションの次要素

rdf:nil　コレクションの終端要素

rdf:Bag/rdf:Seq　順序なし/ありコンテナクラス

rdf:Alt　代替表現のコンテナクラス

rdf:_i　コンテナ（主語）のi番目のメンバ（目的語）

クラス語彙 rdf:List は，コレクションリソースをインスタンスにもつリストクラスである．例えば，以下は東京のみを要素にもつコレクションであり，rdf:first の主語:list1 はコレクションリソースである．

```
:list1 rdf:type rdf:List ;
       rdf:first dbr:Tokyo ; rdf:rest rdf:nil .
```

加えて，rdfs:Container はコンテナクラスであり，rdf:Bag，rdf:Seq と rdf:Alt をいずれもサブクラスにもつ．同様に，プロパティ語彙 rdfs:member は rdf:_i をサブプロパティにもち，目的語が主語のメンバであることを示す．

以下は人々の伝記情報に関する RDF トリプルで，人の特徴を表した九つの語彙からなるグループをコンテナで表している．

```
bio:termgroup1 rdf:type rdf:Bag ;
               rdfs:label "Properties of a person"@en ;
               rdf:_1 bio:olb ; rdf:_2 bio:biography ;
               rdf:_3 bio:keywords ; rdf:_4 bio:father ;
               rdf:_5 bio:mother ; rdf:_6 bio:child ;
               rdf:_7 bio:event ; rdf:_8 bio:birth ;
               rdf:_9 bio:death .
```

bio:termgroup1 がコンテナリソースであり，順序なしコンテナクラスのインスタンスである．そのリソースを主語として bio:olb がコンテナの 1 番目メンバ，bio:biography が 2 番目メンバとなる．なお，伝記情報の名前空間接頭辞 bio は http://purl.org/vocab/bio/0.1/を示す．

さらに，RDF データの Reification を可能にする RDF 語彙を説明する．Reification とは，三つのリソースからなる RDF トリプルの 2 項関係を一つのリソース（RDF トリプルリソースと呼ぶ）と見なすことである．この結果，RDF トリプル言明を意味するリソースが別の RDF トリプル内で主語，述語や目的語に使われ高階な表現を可能にする．以下は RDF トリプル言明のクラス語彙と，RDF トリプルリソースの主語，述語，目的語を表すプロパティ語彙である．

rdf:Statement　RDF トリプルクラス

rdf:subject　RDF トリプルの主語

rdf:predicate　RDF トリプルの述語

rdf:object　RDF トリプルの目的語

一つの RDF トリプルリソースの URI を用意して，それを RDF トリプルクラスのインスタンスとする．その RDF トリプルリソースに対して，rdf:subject，rdf:predicate，rdf:object のプロパティ語彙を用いて主語，述語，目的語を宣言する．

例えば，UniProt のタンパク質情報を記述した RDF データでは以下のような Reification が行われている．名前空間接頭辞 up_core, go, および uniprot は，http://purl.uniprot.org/core/, http://purl.obolibrary.org/obo/, http://purl.uniprot.org/uniprot/を示す．

```
:st1 rdf:type rdf:Statement ;
     rdf:subject uniprot:P68617 ;
     rdf:predicate up_core:classifiedWith ;
     rdf:object go:GO_0016021 .
```

1 行目により，RDF トリプルリソース :st1 が rdf:Statement のインスタンスとなる．2 行目以降は，以下の言明を意味する．

```
uniprot:P68617 up_core:classifiedWith go:GO_0016021 .
```

すなわち，「uniprot:P68617 リソースが go:GO_0016021 に分類されている」ことを示す．以下のように，Reification により別のリソース_:x からこの RDF トリプルリソース:st1 が参照可能になる．

```
_:x rdf:seeAlso :st1 .
```

3.4.4 クラス語彙

ここまで述べた以外にも，以下のようなリソースのクラスを定める語彙がある．

rdfs:Resource　リソースクラス

rdfs:Datatype　データ型クラス

rdf:langString　言語タグ付きデータのクラス

rdfs:Literal　リテラルクラス

rdf:XMLLiteral　XML リテラルクラス

rdf:HTML　HTML リテラルクラス

RDF データにおいて，すべての対象物や情報はリソースなので rdfs:Resource のインスタンスとなる．rdfs:Datatype は，整数型，文字列型などのリテラルのデータ型をインスタンスとするメタクラスである．リテラルのクラスが文字列型ならば，その文字列型のクラスが rdfs:Datatype というメタクラスになる．同様に，rdf:langString，rdf:XMLLiteral や rdf:HTML は，それぞれリテラルをインスタンスにもつリテラルクラスである．したがって，これらは rdfs:Datatype のインスタンスであり，rdf:Literal のサブクラスでもある．

これらのクラス語彙は，最上位レベルのクラスなのでメタな概念設計に利用される．例えば，rdfs:Datatype はメタクラスなので，以下のように新しいデータ型の定義に利用できる．

```
新しいデータ型 rdf:type rdfs:Datatype .
```

その他には，新しいプロパティの定義域と値域を広いクラスで定義するときに使える．しかし，rdf:type やオントロジーのための語彙に比べると RDF データの作成者がメタクラスを使う機会は少ない．自明なため URI リソースをわざわざ rdfs:Resource のインスタンスであるとは宣言しない．

3.4.5　RDF/XML で用いる語彙

RDF/XML 形式のシリアライズでは，いくつかの特別な RDF 語彙が用いられている．前節の RDF/XML で説明したように，以下は XML 構文用の RDF 語彙である．

`rdf:RDF`　RDF/XML データのルート要素

`rdf:Description`　リソースの記述

`rdf:about`　リソースの URI を示す属性

`rdf:resource`　プロパティの URI を示す属性

これらの語彙はあくまで XML 構文用で N–Triples，N3 や Turtle では用いられず，RDF データモデルにおいて本質的な役割をもたない．

RDF/XML 文書内でリソースを識別するとき，以下のような XML 構文用の RDF 語彙（XML 属性）がある．

`rdf:ID`　ローカル ID を示す属性

`rdf:nodeID`　空ノード ID を示す属性

`rdf:ID` は，`rdf:about` と同じように `rdf:Description` 要素でリソースを識別するときに使う．`rdf:about` との違いは，`rdf:ID` のローカル性である．例えば，以下のようにリソースを導入したとする．

```
<rdf:Description rdf:ID="myBook">
```

このリソースの URI は，RDF データファイルの格納場所とこのローカル ID を#で合わせたものとなる．もし `http://www.uec.ac.jp/data1.rdf` が格納場所ならば，`myBook` は `http://www.uec.ac.jp/data1.rdf#myBook` と解釈できる．したがって，RDF データを別のサイトへ移動すればその URI も移動する．しかし，ルート要素 `rdf:RDF` の `xml:base` 属性が宣言されれば，（格納場所の移動と無関係に）その URI とローカル ID を#で合わせる．`rdf:about` では相対 URI が使える（ただし，#ではつながない）ので，`xml:base` 属性があれば `rdf:ID` を使わない選択肢もある．他の使い方として，QName のプロパティ要素内で用いるとその RDF トリプル言明を示す ID となり Reification を表現できる．

rdf:Description 内の rdf:about やプロパティ要素内の rdf:resource を明示しないとき，空ノードを rdf:nodeID で指定できる．rdf:Description 内で rdf:about を省略すると空ノードとなるが，他の RDF トリプルからその空ノードを参照するのに識別子が必要である．

その他には，以下のような XML 構文用の RDF 語彙（XML 属性）がある．

rdf:parseType　構文解釈法を示す属性

rdf:datatype　データ型を示す属性

rdf:li　コンテナ（主語）のメンバ（目的語）

rdf:parseType は，要素内の構文をどのように解釈するかをアプリケーションへ示す．この属性値には，Literal，Resource，Collection などがある．例えば，以下のような空ノードによる RDF トリプルの連結を表したいとする．

主語 URI 述語 QName1 [述語 QName2 目的語 URI] .

このような RDF トリプルを XML/RDF 形式で簡潔で表すために使える．以下では，述語 QName1 タグ内で rdf:parseType を用いている．

```
<rdf:Description rdf:about="主語 URI">
  <述語 QName1 rdf:parseType="Resource">
    <述語 QName2 rdf:resource="目的語 URI">
```

通常の XML/RDF 形式では，述語 QName1 タグの子要素に rdf:Description を挿入して空ノードを表して，その入れ子に述語 QName2 タグを書いていく．この代わりに，rdf:parseType="Resource"が空ノードを意味して述語 QName1 タグ内の rdf:Description 要素を省略できる．

型付きのリテラルを示すとき，テキストデータ（リテラル）をもつ要素タグに rdf:datatype を追加してその属性値にデータ型の URI を明示する．rdf:li 語彙は，コンテナのメンバが何番目かどうかを rdf:_i で明示せず rdf:li で代用する．RDF/XML のパーザは，rdf:li を読み込んだとき要素順に rdf:_1，rdf:_2，rdf:_3 からなる RDF トリプルと見なして解釈する．

3.5　セマンティックマークアップ

セマンティックマークアップとは，機械可読な Web を実現するために既存の Web ページ にメタデータやオントロジーを付与することをいう．具体的には，HTML 文書に RDF データを追加することで，Web ページに関連するリソースの意味データを解釈できるようにする．その結果，リソースを意味づけるメタデータやオントロジーを既存 Web から取得できる環境を整えられる．

セマンティックマークアップには，つぎの二つの方法がある．

- 独立した RDF データの付与
- RDF データの HTML への埋込み

前者は，Web ページもしくはリソースの URI に関連する RDF データを用意する．その RDF データはさまざまなシリアライズで保存しても構わず，既存 Web ページからその RDF データへアクセスできるようにする．後者は，Web ページの HTML 文書内に RDF トリプルを埋め込む方法である．埋め込まれた RDF データは意味情報として隠れており，ブラウザが HTML を表示する際はセマンティックマークアップを無視して人が読む部分だけ表示される（すなわち，メタデータは未表示となる）．

3.5.1　独立した RDF データの付与

セマンティックマークアップの方法で最もシンプルなのは，メタデータなどが書かれた RDF 文書を Web サーバに置くことである．このとき，RDF 文書の場所を示すために HTML ヘッダ内で RDF 文書へのリンクを張る．

図 3.9 は，Web ページから RDF データへリンクしてセマンティックマークアップする方法を示す．`head` タグ内に HTML のヘッダ情報があり，`link` タグを使って RDF 文書へのリンク URI を記述する．`rel` 属性の `alternate` は，リンク先が HTML 文書の代替記述であることを示す．`type` 属性は，リンク先の MIME タイプを示す．RDF データには，`application/rdf+xml`，`text/n3`（ま

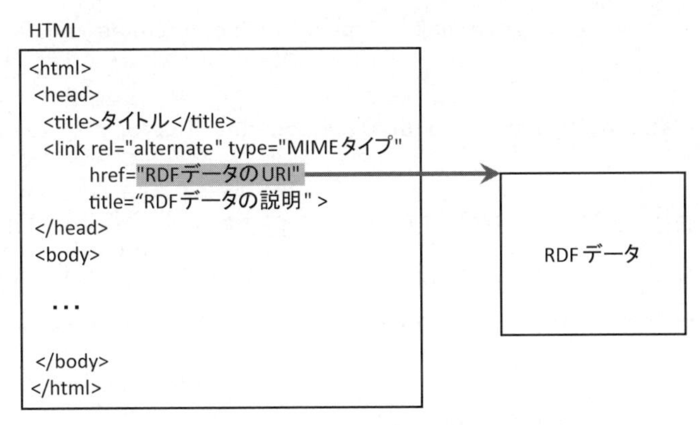

図 **3.9** RDF データへのリンク

たは `text/rdf+n3`)，`application/json`（または `application/json+rdf`）の MIME タイプがあり，それぞれ XML/RDF，N3，JSON のデータ形式を意味する．`href` 属性はリンク先 URI，`title` 属性はリンク先の簡単な説明を示す．これにより一度リンクを構築すれば，RDF データは独立して作成できその後の修正などの保守で HTML 文書の変更は不要になる．

DBpedia の東京都を説明する Web ページでは，以下の記述例ように HTML ヘッダによりセマンティックマークアップしている．

```
<link rel="alternate" type="text/rdf+n3"
      href="http://dbpedia.org/data/Tokyo.n3" title="
      Structured Descriptor Document (N3/Turtle format)">
```

ここで，`link` タグ内の属性は東京都に関する RDF データを参照している．`type` 属性は，RDF データがテキストの N3 形式であることを示す．`href` 属性は RDF ファイル `Tokyo.n3` の URI を示し，`title` 属性はリンク先が意味構造の記述文書であることを説明する．

リンクした `Tokyo.n3` の RDF データは，以下のように主に東京都リソース `dbr:Tokyo` を主語や目的語に含む RDF トリプルからなる．

```
dbr:Tokyo dbo:areaTotal "2187660000.0" ;
          dbo:country dbr:Japan ;
```

```
            dbo:governmentType dbr:Prefectures_of_Japan ;
              ...
    dbr:Yukio_Mishima dbo:deathPlace dbr:Tokyo ;
      ...
```

前半の RDF トリプルは東京都リソースが主語であり，その後の RDF トリプルは東京都リソースが目的語である．DBpedia の東京都を説明する Web ページには，東京都リソースの属性情報が一覧されている．一方でその RDF データには，東京都リソースを目的語とするような被参照情報も含まれ Web ページよりも多くのデータが格納されている．

3.5.2　RDF データの HTML への埋込み

もう一つのセマンティックマークアップは，RDF データを HTML 内に埋め込む方法である．これは，既存の HTML 文書内に表示用コンテンツと埋め込まれたメタデータを共存させる．この方法は従来の HTML 作成者が受け入れやすく，HTML 文書を作成する過程で同時にメタデータを作成できる利点がある．メタデータはタグの属性に書かれるので，メタデータがない場合と同じコンテンツをブラウザで表示できる．また，検索エンジンは埋め込まれたメタデータを利用した検索サービスを提供できる．

図 3.10 は，Web ページ内に RDF データを埋め込んで セマンティックマー

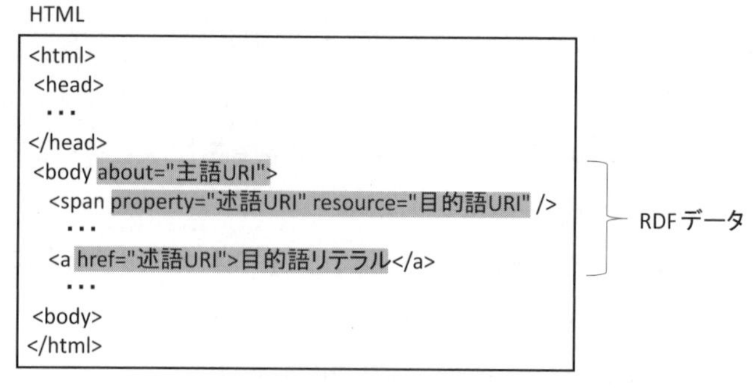

図 **3.10**　RDF データの埋込み

クアップする方法を示す．RDF データへリンクする方法と異なり，HTML 内に広く分散して RDF データが埋め込まれる．HTML テキスト内の文章や単語に対してメタデータを記述したい場合は，そのテキストを囲むタグ内の属性に RDF データを書き込むことになる．

〔1〕 **RDFa** RDFa†は，すでに広く普及している HTML 文書を使って埋込み型の RDF データを作成する枠組みである．RDFa には，HTML に含まれるタグに属性表現を付与してリソース間の関係性などを表す．すでに HTML で使われている属性（href など）に加えて，RDFa のために新しい属性が導入されている．

RDF トリプルは，主語，述語，目的語からなる三つ組構造である．まず，**表 3.1** の属性は RDF トリプルの主語を表す．メタデータを付与したいタグの about 属性に，主語リソースを表す URI を記述する．また，**表 3.2** の属性は RDF トリプルの述語を表す．述語の記述には，三つの属性が用意されている．rel 属性は，URI で表された主語と目的語のリソース間関係を述語 URI で示す．property 属性は，目的語がリテラルまたはリソースとなる述語 URI を示す．さらに，rev 属性は述語 URI の関係が主語と目的語を入れ替えて逆に成り立つことを示す．

RDF トリプルの目的語を記述する属性は，URI とリテラルでそれぞれ異なる．**表 3.3** の属性は，目的語の URI を表す．これらは，属性の種類 によって

表 3.1 主語を示す属性

属性名	属性値の役割
about	主語リソースの URI

表 3.2 述語を示す属性

属 性 名	属 性 値 の 役 割
rel	目的語がリソースの述語リソース URI
property	目的語がリテラルまたはリソースの述語リソース URI
rev	目的語がリソースの逆向き述語リソース URI

† https://www.w3.org/TR/rdfa-core/

表 3.3　目的語 URI を示す属性

属性名	属性値の役割
resource	リンクなしの目的語リソース URI
href	リンクありの目的語リソース URI
src	目的語の埋込みリソース URI

HTML 文書の解釈や表示で扱いが異なる．resource 属性は目的語リソースの URI を示すだけだが，href 属性はハイパーリンクの指す URI が目的語リソースとなる．したがって，後者はブラウザでクリックしてリンク先へアクセスできる．src 属性は，img タグで（HTML のテキスト表示に埋め込まれる）画像リソースを示す属性を用いて，目的語リソースの URI を示す．

表 3.4 の属性は，目的語のリテラルを表す．content 属性はその値に目的語リテラルのテキストを記述する．もし目的語リテラルのデータ型を宣言したいならば，datatype 属性を追加する．同様に，リテラルの言語タグ（en や ja など）を宣言するには lang（または xml:lang）属性を追加する．

表 3.4　目的語リテラルを示す属性

属性名	属性値の役割
content	リテラルを記述するテキスト
datatype	リテラルのデータ型
lang	リテラルの言語タグ

以上の属性を用いて，HTML 内に RDF トリプルの主語，述語，目的語を記述できる．RDF トリプルの三つ組は，つぎのように目的語の違いごとに異なる記述をすればよい．目的語が URI のときは，HTML 内の任意のタグに対して，以下のように RDF トリプルを宣言する．

```
<タグ名 about="主語 URI" rel="述語 URI"
        resource="目的語 URI" />
```

目的語がリテラルのときは，以下のように RDF トリプルを宣言する．

```
<タグ名 about="主語 URI" property="述語 URI"
        content="目的語リテラル" />
```

どちらの記法も主語を示す属性はaboutである．目的語がURIときはrel（またはproperty）とresourceの属性を使い，リテラルのときはpropertyとcontentの属性を使う．これらの方法では主語，述語，目的語を一つのタグ内で記述しており，RDFデータはすべて内在的に埋め込まれブラウザでは表示されない．目的語URIをハイパーリンクにしたいときはhref属性を用いる．また，目的語リテラルをHTML内の文章や単語にしたいときは，以下のように目的語をタグ内のテキスト要素として記述する．

```
<タグ名 about="主語URI"
        property="述語URI">目的語リテラル</タグ名>
```

これはcontent属性と異なり，目的語リテラルがブラウザで表示される．さらにリテラルのデータ型は，以下のように追加される（言語タグも同様）．

```
<タグ名 about="主語URI" property="述語URI"
        datatype="データ型URI">目的語リテラル</タグ名>
```

単一のRDFトリプル記述には上記の方法が使われるが，タグの入れ子構造を使って複数のRDFトリプルに共通する主語URIを親要素タグにまとめて書いてもよい．これにより，親要素タグ内にabout属性で主語リソースを明示し，子要素タグにproperty属性を書けば，共通する主語リソースが親要素からそれぞれ子要素へ継承される．

以下の例は，東京都を説明するWebページ（DBpedia）において，RDFデータをHTML内に埋め込んだセマンティックマークアップである．

```
<body onload="init();"
      about="http://dbpedia.org/resource/Tokyo">
  ...
<span property="dbo:areaTotal"
      xmlns:dbo="http://dbpedia.org/ontology/">218766000
0.000000</span>
```

bodyタグのabout属性は，東京都リソースを示す．この東京リソースは，bodyタグの子要素内で有効な主語と見なされる．この主語に対して，spanタグ内の

property 属性は述語 dbo:areaTotal を示し，2187660000.000000 は目的語リテラルを示す．このとき目的語リテラルは，（content 属性ではなく）span タグ内のテキスト要素なのでブラウザで表示される．

入れ子を使った記述方法として，親要素タグに目的語リソースが出現するとき，子要素の主語リソースには（about 属性を省略して）その親要素の目的語リソース（これを親目的語と呼ぶ）が割り当てられる．その他に，ルート要素で about 属性を省略すると，about 属性の空値（すなわち，about=""）と見なされ HTML 文書自体を示すベース URI が主語リソースとなる．

上記 body タグの子要素に以下を記述すると，東京都リソースを主語とした RDF トリプルが埋め込まれる．

```
<a class="uri" rev="dbo:deathPlace"
   xmlns:dbo="http://dbpedia.org/ontology/"
   href="http://dbpedia.org/resource/Yukio_Mishima"><sma
ll>dbr</small>:Yukio_Mishima</a>
```

アンカータグ（a タグ）の属性 rev は，逆向きの述語関係を表す．すなわち，プロパティ dbo:deathPlace の逆向きなので，主語が目的語の死亡場所を示す．したがって，東京都リソースは http://dbpedia.org/resource/Yukio_Mishima（三島由紀夫）の死亡場所を意味する．

RDFa では，簡潔に RDF データを記述するために**表 3.5** の属性が用意されている．typeof 属性は，クラス URI を属性値に記述して簡潔に rdf:type を宣言する．また，inlist 属性は RDF 語彙で説明したコレクション（rdf:first，rdf:rest と rdf:nil を用いた一種のリスト構造）を簡潔に記述する．

typeof 属性の書き方によって，どのリソースのクラスを宣言しているか理解する必要がある．以下の構文は about 属性の後に typeof 属性があるので，

表 3.5　簡単表現を示す属性

属 性 名	属性値の役割
typeof	リソースのクラス
inlist	なし

主語URIで示したリソースのクラスを宣言する．

```
<タグ名 about="主語URI" typeof="クラスURI">
```

つぎのように，about属性がないがtypeof属性前にresource属性があるときは，そのURIが示したリソースのクラスになる．

```
<タグ名 resource="URI" typeof="クラスURI">
```

このとき，resourceの代わりにhrefやsrcを使っても同じである．

加えて，つぎのようにabout，resource，href，srcのいずれの属性も書かれてない場合がある．

```
<タグ名 typeof="クラスURI">
```

このとき，ルート要素ならばabout属性の空値（すなわち，about=""）が省略されたと見なされHTML文書を示すベースURIのクラスになる．ルート要素でないときは，新しく空ノードが生成されそのクラスを示す．例えば，WorldCatのホームページ（HTML文書）には以下のRDFデータが埋め込まれている．

```
<body id="worldcat" typeof="http://schema.org/WebPage"
```

このときbodyタグにはabout属性がないので，主語リソースが空ノードになりhttp://schema.org/WebPageクラスに属す．

その他に，**表3.6**の属性は名前空間や使用する共通語彙を宣言する．例えば，prefix属性はつぎのhtmlタグ内で名前空間接頭辞ogを宣言する．

```
<html prefix="og: http://ogp.me/ns#">
```

vocab属性は使用語彙のURIを指定して，長いURIを簡潔な語彙で記述できる．以下の例は，typeof属性により人物について書かれていることを意味する．

```
<div typeof="http://schema.org/Person">
```

このとき，以下のようにvocab属性を使うことができる．

```
<div vocab="http://schema.org/" typeof="Person">
```

表3.6　名前空間と語彙に関する属性

属性名	属性値の役割
prefix	名前空間接頭辞の宣言
vocab	使用語彙のURI

これにより，Schema.org 語彙として Person クラスが導入される．

〔2〕 **RDFa Lite**　　RDFa Lite は RDFa のサブセットであり，RDFa 記述における属性の利用を限定する．それにより，RDFa を使いやすくしてセマンティックマークアップの普及を促進させる．RDFa との互換性を保ちながら，専門家でなくても簡単に使えるように属性の種類を制限している．

RDFa Lite の属性は，つぎに述べる五つのみである．それらの属性の使い方は，RDFa とまったく同じである．最初に，名前空間や使用語彙を指定する属性は RDFa と同じく以下の二つである．

vocab，prefix

加えて，リソースのクラス，RDF トリプルの述語と目的語を表すために以下の三つの属性に限定される．

typeof，property，resource

目的語リソースは resource 属性を使うが，既存の HTML 記述を考慮して href 属性と src 属性を使うことも許される．

RDFa と比べると，属性の種類が非常に少ないのがわかる．これらの属性が最小限のメタデータを記述できることを見ていく．まず，prefix は名前空間を使う上で必須である．つぎにリソースの意味を定める基本メタデータはクラスであり，なにについて記述されるかが明確になる．例えば，Schema.org サイトの記述例を用いて説明する．以下の typeof 属性は，製品について書かれていることをメタデータで表す．

```
<div vocab="http://schema.org/" typeof="Product">
  <img property="image" src="dell-30in-lcd.jpg" />
```

Schema.org 語彙の Product クラスにより，div タグ内の主語リソースが製品であると判断できる．このように二つの属性だけでリソースのクラスを宣言できる．さらに，div タグの子要素において img タグが製品画像を表示するケースを考える．このとき，property 属性を付与すれば製品リソースの画像データであることが（Schema.org 語彙の）image プロパティから読み取れる．ここでは src 属性が埋め込み画像を指定して目的語リソースとなる．埋め込み画像以外の目的語リソースでは，resource 属性と href 属性で示してもよい．

このように，RDFa Lite の限られた属性だけでもクラスとプロパティのメタデータを十分表現できる．以下の例は，MIT のホームページでロゴ画像のクラスを typeof 属性で指定する．

```
<img class="logo mit" typeof="foaf:Image"
     src="./.../mit_logo(1).gif" width="78" height="40"
     title="Massachusetts Institute of Technology">
```

この例は，HTML でよく使われる img タグに foaf:Image クラスを付与した簡単なメタデータとしてわかりやすい．

〔3〕**Microdata**　Microdata† は，RDFa と同じく HTML 内で属性を用いてメタデータを埋め込む方法を提供する．RDFa とは異なる属性を用いて，リソースに関するクラスやプロパティのメタデータを記述する．Microdata はメタデータ作成を目的とするが，必ずしも RDF データを記述しているといえない．しかし，意味構造が似ているので RDFa との相互の変換はそれほど難しくない．実際，Google の検索エンジンでは，RDFa と Microdata の両方ともサポートしている．

Microdata の説明には，RDFa とは少し異なる用語が使われる．ある一つの対象に関してメタデータを付与するとき，その対象をアイテムと呼ぶ．メタデータは，プロパティ名とその値との組からなるプロパティから表される．したがって，HTML 内には複数のアイテムがあり，各アイテムごとにプロパティ（プロパティ名と値の組）の集合が付与される．これは RDF トリプルにおいて，一つの主語リソースに対して，述語と目的語の組によってプロパティを記述することと同じである．

Microdata には，メタデータを記述するために HTML 内で使う五つの属性が用意される．まず，**表 3.7** の三つは最も基本的な属性である．itemscope 属性は新しいアイテムの生成を意味し，itemtype 属性は生成されたアイテムのクラス（型）を宣言する．itemprop 属性は，アイテムのプロパティ名を示す．

† https://www.w3.org/TR/microdata/

表 3.7　基本的属性

属 性 名	属性値の役割
itemscope	なし
itemtype	アイテムのクラス名
itemprop	アイテムのプロパティ名

以下の記述は，単純に一つのアイテムを生成する方法である．

```
<タグ名 itemscope>
```

このとき，特に属性値は記入しない．もしアイテムにクラスを宣言したいならば，以下のように itemtype を追加する．

```
<タグ名 itemscope itemtype="クラス">
```

つづいて，一つのアイテムはその子孫要素を範囲内にしてプロパティを記述する．上記のクラス宣言あり／なしのアイテムに対して，その子要素タグ内で以下のようにプロパティを記述する．

```
<タグ名 itemprop="プロパティ名">値<タグ名>
```

これにより，アイテムのプロパティがタグ要素の値により表される．

Microdata の itemtype 属性と itemprop 属性は，RDFa の typeof 属性と property 属性に相当する．ただし，RDFa には itemscope 属性のような記述はない．RDFa では，アイテムではなく about 属性で主語リソースを宣言する，もしくは無記名で空ノードのリソースが存在する．

例えば，http://www.food.com では Microdata によるメタデータが埋め込まれている．以下の例は，フードレビューに関する Microdata のテンプレートを抜き出した部分である．

```
<article itemprop="review" itemscope
         itemtype="http://schema.org/Review">
  <h5><a href="{{url}}">{{title}}</a></h5> ...
  <p style="display: none;" itemprop="reviewRating"
     itemscope itemtype="http://schema.org/Rating">
     <meta itemprop="worstRating" content = "1"/>
```

```
        <span itemprop="ratingValue" ...></span>
        <span itemprop="bestRating" ...>5</span></p>
    <p itemprop="description">{{review}}</p></article>
```

article タグ内には，一つのフードレビューが格づけとともに記述される．この中の Microdata を解読すれば，格づけなどの数値データを解釈できる．まず，itemscope 属性がアイテムを生成して，itemtype 属性によりそのクラスを Schema.org 語彙の Review と宣言する．article タグ内のテキストは，review プロパティによりレビュー文書となる．さらに，article の子要素に p タグがありその中で新しいアイテムが生成されて，Schema.org 語彙の Rating クラスに属す．p タグ内のテキストは，reviewRating プロパティによりレビュー格づけの文書となる．meta タグと span タグには，それぞれ最低格づけ，格づけ値，最高格づけを意味するプロパティ名が付与されている．p タグの description プロパティは，レビューコメントの記述を意味する．

以上に加えて，アイテムの識別子を宣言したり他のタグにアイテムのプロパティを記述したりするために，**表 3.8** の属性が用意されている．itemid 属性は，アイテムに URI などのようなグローバル識別子を指定する．なお，ローカル識別子には HTML の id 属性を使う．itemid 属性は，以下のように itemscope 属性と同じタグ内に記述する．

```
    <タグ名 itemscope itemid="グローバル識別子">
```

itemid 属性は，RDFa で主語リソースを示す about 属性に近い役割をもつ．ローカル識別子は id 属性のように HTML 文書内に限られるのに対して，itemid 属性のグローバル識別子は Web 空間で有効である．

一方，itemscope 属性でアイテムを導入したタグの子要素にすべてのメタデータを書ければよいが，そうはいかない場合もある．そのとき，id 属性を用

表 3.8　識別子の属性

属 性 名	属性値の役割
itemid	アイテムのグローバル識別子
itemref	ローカル識別子の参照

いて離れた別のタグに同じアイテムのメタデータを記述できる．まず，以下のように id 属性のローカル識別子を宣言する．

```
<タグ名 id="ローカル識別子">
```

これに対して，itemref 属性を用いて以下のように id 属性のローカル識別子を参照する．

```
<タグ名 itemscope itemref="ローカル識別子">
```

id 属性を参照することで，このアイテムに参照先で記述した itemprop 属性などのメタデータが追加される．

例えば，以下は Schema.org サイトの例で，(郵便の) 住所が記述された HTML 文書にメタデータが埋め込まれている．

```
<div itemprop="address" itemscope
     itemtype="http://schema.org/PostalAddress">
  <span itemprop="streetAddress">3102 Highway 98</span>
  <span itemprop="addressLocality">Mexico Beach</span>
</div>
```

div タグ内でアイテムが生成され，Schema.org 語彙の PostalAddress によりこのアイテムのクラスが宣言される．その子要素の span タグで itemprop 属性により，通り（住所），市や町を示すプロパティが記述されている．

ここで HTML 記述の都合で通り（住所）と市や町のメタデータを別々のタグに分割したとき，以下のように書ける．

```
<div itemprop="address" itemscope itemref="a1"
     itemtype="http://schema.org/PostalAddress">
  <span itemprop="streetAddress">3102 Highway 98</span>
</div>
<div id="a1">
  <span itemprop="addressLocality">Mexico Beach</span>
</div>
```

このとき itemref 属性を使って，離れた別のタグの id 属性値 a1 を参照している．すなわち，二つ目の`div`タグが最初の`div`タグから参照される．これは住所アイテムの範囲が二つ目の`span`タグにまで及ぶことになって，先の例と同じメタデータを意味する．

〔4〕**Microformats**　Microformats†は，人や組織，場所，イベント，製品，レビューなどのメタデータをHTML内に埋め込む仕様である．RDFaやMicrodataと同じように，HTML文書のメタデータを検索エンジンやその他のアプリケーションから読み込めるようにする．Microformatsには，初期バージョンとシンプルに洗練された最新のMicroformats2がある．以降では，Microformatsといったとき特に区別しないかぎり最新のMicroformats2を意味する．

Microformatsは，RDFaやMicrodataと少々違う記法を提供する．RDFaやMicrodataは新しい属性でメタデータを表すが，MicroformatsはHTMLがすでに備えた`class`属性でメタデータを表す．また，HTML文書の解読には属性の種類（属性名）ではなく`class`属性の値によりメタデータを認識する．したがって，`class`属性値に関する仕様が定められている．このように，MicroformatsはなるべくHTMLの既存技術を変えないアプローチをとっている．

RDFaなどはHTMLのタグ内に埋め込む構文や方法だが，Microformatsは加えてメタデータの共通語彙（属性値）を用意している．具体的には，メタデータを記述する対象によって，それが人や組織，イベントや製品などならばそれらを意味する語彙がある．そのためRDFaやMicrodataのほうが必要最小限の仕様として役割が切り分けしやすく，クラスやプロパティを示す共通語彙は外部（Schema.orgなど）から導入する．一方で，Webサービスの開発者からするとMicroformatsのほうが決まった語彙がいっしょに規定されているので，外部の語彙を理解する必要がない分使いやすいという意見もある．

Microformatsは，以下のようにタグ内に`class`属性を記述して，クラスやプロパティを埋め込む．

† http://microformats.org/

```
<タグ1 class="クラス名">
  <タグ2 class="プロパティ名">値</タグ2>
  <タグ3 class="プロパティ名">値</タグ3>
</タグ1>
```

class 属性には，以下のクラス名を記述してタグ内のリソースがなんなのかを示す．各クラス名には，接頭辞 h-が付けられる．Microformats ではクラスとプロパティいずれも class 属性を使うので，この接頭辞から両者を識別する．

h-card　人や組織のクラス

h-adr　住所クラス

h-event　イベントクラス

h-entry　エントリクラス

これらは Microformats2 のもので，旧バージョンの hCard，adr，hCalendar，hAtom に相当する．これらのクラスにより，人や組織，住所，イベントやエントリへ分類される．特に，エントリは Web 上のブログ投稿などの 1 コンテンツを示すときに使われる．Microformats では決められたクラス語彙があるので，RDFa のように vocab 属性で使用語彙を指定する必要はない．

クラス名を宣言したタグの子要素タグ（上記ではタグ2とタグ3）に，同じく class 属性を用いてプロパティ名を付与する．それにより，クラスの種類に応じた詳細なプロパティが記述される．h-card クラスは人や組織を表すので，以下のプロパティが用意されている．

p-name　名前プロパティ

p-adr　住所プロパティ

p-tel　電話番号プロパティ

これらは，vCard の共通語彙に基づいたプロパティ語彙である．RDFa と Microdata の記述と似て，クラスを宣言してその子要素にプロパティを記述していく．これらのプロパティの値はリテラル（テキスト）であり，テキストプロパティと呼ばれ接頭辞に p-が付く．

例えば，以下は Workfrom というカフェ，バーやレストランを見つけるサイトで，店を表示するHTMLに以下のメタデータが埋め込まれている．

```
<article id="post-10794" class="h-card">
 <h1 class="p-name">Leon @ Ludgate Circus </h1>...
</article>
```

articleタグ内でclass属性がh-cardとなり人や組織のクラスを宣言している．子要素のh1タグではclass属性が名前プロパティ（p-name）なので，テキスト要素が店の名前を示す．

その他に，次章で説明するvCard語彙と同名のプロパティがある．p-given-name, p-family-name, p-additional-nameは，姓，名，ミドルネールを示すプロパティである．また，h-adrクラスに対してp-postal-code, p-country-name, p-street-address，p-localityは，住所に含まれる郵便番号，国名，通り(住所)，市や町を表すプロパティである．

さらに，h-cardクラスに対する以下のプロパティは，値がURLを示す（URLプロパティと呼ぶ）．

u-email　メールアドレスプロパティ

u-photo　写真プロパティ

u-url　URLアドレスプロパティ

URLプロパティ名には，接頭辞にu-が付いている．また，h-cardクラスに対する以下のプロパティは，値が日付や時間を示す（日時プロパティと呼ぶ）．

dt-bday　誕生日プロパティ

dt-anniversary　記念日プロパティ

日時プロパティ名には，接頭辞にdt-が付いている．

例えば，App.netというアプリケーション開発者用のソーシャルネットサービスにおいて，以下のように使われている．

```
<div class="h-card">
  <data class="u-photo" value="https://d2rfichhc2fb9n.cl
oudfront.net/image/..."></data>
  <h1><small class="p-name">Alex Kessinger</small></h1>
```

```
    <a class="u-url" href="http://rumproarious.com/">rumpr
  oarious.com</a></div>
```

最初の div タグで h-card が宣言されており，個人の情報だと判断できる．その子要素の data タグ内で u-photo が写真プロパティであり，value 属性が個人の写真を示す URL だとわかる．

さらに，h-entry クラスにはブログ投稿などの一つのコンテンツのエントリに対して，以下のプロパティがある．h-entry クラスでは，h-card クラスのプロパティ p-name，u-url なども利用可能である．

p-author　著者プロパティ

p-summary　要約プロパティ

dt-published　公開日時プロパティ

e-content　コンテンツプロパティ

最初の三つは，エントリの著者，要約，公開日時を示すテキストプロパティと日時プロパティである．最後の e-content プロパティは，ブログ投稿記述の HTML コンテンツのようにマークアップされた木構造要素の値をもつ．このプロパティのように，接頭辞に e-が付くとき要素木プロパティと呼ぶ．

例えば，App.net の投稿記事には以下のメタデータが記述されている．

```
<div class="h-entry">
  <span class="p-author h-card"><a href="URI" class="u-url
p-nickname">ニックネーム</a></span>
  <span class="e-content">コメントの HTML 記述</span>
  <a href="https://alpha.app.net/..9535279" class="u-url">
    <time datetime="03:23 PM - 13 May 2015"
     class="dt-published">13 May</time></a>
</div>
```

div タグが一つの投稿コンテンツを表しており，h-enrty クラスが宣言されている．その子要素の span タグには p-author プロパティがあり著者情報を示すとともに，h-card クラスが宣言される．アンカータグには u-url の URL プロパティとp-nicknameのテキストプロパティが明示されているので，href属性が著者に関するURLでありテキスト要素がニックネームであることが判断できる．つづくspanタグにはe-contentプロパティが宣言されているので，テキスト要素がHTMLによるコメント内容であることがわかる．二つ目のアンカータグにはu-urlプロパティが書かれURLリンクがある．timeタグに日時プロパティのdt-publishedがあるので，投稿時間の記述が認識できる．

Microformats2は，旧バージョンから大きく二つ改善されている．一つは上記で述べたp-などの接頭辞の導入である．先述したようにclass属性はHTMLの既存機能なので，別の用途に使う属性値が書かれているかもしれない．HTMLのパーザは，接頭辞によりメタデータの存在と役割が解読しやすくなる．

もう一つの改善は，プロパティ名の省略である．旧バージョンでは，人や組織について以下の記述方法が使われていた．

```
<span class="vcard">
  <a class="fn n url" href="URI">人や組織の名前</a>
</span>
```

このとき，class属性のvcardが人や組織などのクラスを示す．その子要素のアンカータグには，class属性で複数のプロパティ名fn，n，urlが明示されている．これにより，テキスト要素が書式化された名前でありhref属性値がリソースのURLであることを意味する．

この例は少々解読しにくいので，複雑な記法が改められMicroformats2では同じ内容をつぎのように簡潔に書く．

```
<a class="h-card" href="URI">人や組織の名前</a>
```

h-cardクラスに対して，単に人や組織とそのリンクURLを意味する場合はこれだけでよい．すなわち，プロパティ名の記述が省略されて一つのタグだけになる．

4 セマンティック Web の共通語彙

セマンティック Web の実現のために，W3C の RDF(S) 語彙以外にもメタデータのための共通語彙が標準化されている．まず，人や組織の活動情報や属性をはじめそれらの関係性を記述する FOAF 語彙があり，図書関連の古い分類体系や知識構造を記述する SKOS 語彙がある．また，Web 標準のメタデータ語彙を定義した DC 語彙がある．その他に，ビジネス，e–コマース，ソーシャルネットワークのためにさまざまな共通語彙が提供されている．

4.1 FOAF

FOAF (friend of a friend) プロジェクト†は，人物データを中心に据えて人々とその周辺情報のつながりによるソーシャルネットワークを構成する．FOAF データを RDF で記述するために，クラスとプロパティの共通語彙が用意されている．FOAF 語彙の名前空間接頭辞は，以下により宣言される．

```
@prefix foaf: <http://xmlns.com/foaf/0.1/> .
```

本節では，リソースを記述する FOAF 語彙の役割に沿って説明する．

4.1.1 人，組織やものを表す語彙

まず，記述したいリソースがなんであるかを表現するために，以下の人，組織などを示すクラス語彙が用意されている．

† http://www.foaf-project.org/

foaf:Person 人間クラス

foaf:Organization 組織クラス

foaf:Image 画像クラス

foaf:Document 文書クラス

foaf:Person は，歴史上の人物や映画の主人公などを含めた人間クラスであり，foaf:Organization は企業や公共団体などのさまざまな組織のクラスである．rdf:type を使った RDF トリプルにより，リソースが属すクラスを宣言する．例えば，以下により東京都立図書館リソースは組織クラスに属す．

```
dbr:Tokyo_Metropolitan_Library rdf:type
                                    foaf:Organization .
```

foaf:Image は，リソースの写真などの画像ファイルを指す URI などをインスタンスにもつクラスである．foaf:Document は広い意味での文書クラスで，HTML 文書などだけでなく画像ファイルもインスタンスにもつ．

以下の語彙は，グループ，プロジェクトのような集団やエージェントのクラスを示す．

foaf:Group グループクラス

foaf:Agent エージェントクラス

foaf:Group は，人や組織が集まったグループインスタンスのクラスである．foaf:Agent は人間，組織やグループすべてをインスタンスにもつクラスで，foaf:Person，foaf:Organization，foaf:Group はそのサブクラスである．

4.1.2 個人情報を表す語彙

人や組織などのリソースが属すクラス情報だけでなく，個別のリソースを特徴づける属性情報がある．以下のプロパティ語彙は，リソースの文字列名称や簡単な属性をリテラルで記述する．

foaf:name 人や組織などの名前を示す属性

foaf:gender 性別を示す属性

foaf:title 敬称を示す属性

foaf:familyName　姓を示す属性

foaf:firstName　名を示す属性

foaf:name は，rdfs:label のサブプロパティとして人や組織などの文字列名を示し，言語タグ付きのリテラルで書かれることが多い．ニックネームなどの簡単な名称を用いたいときは，foaf:nick を用いる．foaf:gender と foaf:title は，性別や Mr, Mrs, Ms, Dr などの敬称を文字列で表す．foaf:familyName と foaf:firstName は，姓と名を分離した属性であり，代わりに foaf:surname と foaf:givenName を用いても同じ意味となる．

さらに，以下のプロパティ語彙は人や組織などのリソースに関する情報を（リテラルではなく）URI で表す．

foaf:mbox　メールアドレスを示す属性

foaf:img　代表的な画像リソースを示す属性

foaf:dipiction　画像リソースを示す属性

foaf:mbox は，mailto のスキームをもつメールアドレスを URI で示す．また，foaf:mbox_sha1sum を使えば，直接メールアドレスを書かずに SHA1 のハッシュ関数により符号化されたテキストで記述できる．その他に，インターネット上のアカウントや ID を示すプロパティ語彙には foaf:account, foaf:openid, foaf:accountName, foaf:msnChatID, foaf:yahooChatID などがある．foaf:img は人や組織などを表す画像リソース（foaf:Image クラスのインスタンス）を示す．foaf:img が顔写真のようなリソースを代表する画像であるのに対して，foaf:dipiction（または foaf:dipicts）はリソースに関連する趣味やペットなどの画像を好きなように示してよい．

4.1.3 人や組織の文書などを示す語彙

以下のプロパティ語彙は，人や組織などに関する，もしくはそれらが作成した文書などの URI を示す．

foaf:homepage　ホームページの URI を示す属性

foaf:weblog　ブログの URI を示す属性

foaf:publications　出版物を示す属性

foaf:made　作成物を示す属性

foaf:homepage と foaf:weblog はホームページとブログの URI を示し，それらは foaf:Document クラスのインスタンスである．その他にホームページを示すプロパティには，foaf:workplaceHomepage，foaf:schoolHomepage などがある．foaf:publications は出版した書籍などを示し，foaf:made は作成したもの全般を示す．foaf:maker は foaf:made の逆プロパティであり，作品の作成者を示す．

4.1.4 社会ネットワークを構成する語彙

ここまで人や組織などを説明する FOAF 語彙が中心だったが，つぎに人や組織などを意味的につなげる FOAF 語彙を紹介する．以下のプロパティ語彙は，人や組織などから他の人，ものや組織へ関連づける．

foaf:knows　知っている人を示す属性

foaf:interest　興味のあるページの URI を示す属性

foaf:topic_interest　興味のあるトピックを示す属性

foaf:member　グループに所属するメンバを示す属性

人間のネットワークを構成する foaf:knows は，定義域と値域が foaf:Person であり人リソースが知っている他人リソースの URI を示す．foaf:interest と foaf:topic_interest は共に定義域が foaf:Agent なので，人や組織などがもつ関心物を示す．foaf:interest と foaf:topic_interest の違いは，前者の値域は foaf:Document で興味のある文書リソースを参照するが，後者の値域は owl:Thing で関心のあるもの全般を参照する．これらのプロパティ語彙により，人と組織が文書やものとつながれネットワークを構成する．

これらに関連して，つぎのような文書とものをつなぐプロパティ語彙がある．

foaf:topic　文書のトピックを示す属性

foaf:page　リソースに関する文書を示す属性

foaf:PrimaryTopic　文書の主要トピックを示す属性

foaf:isPrimaryTopicOf　リソースが文書の主要トピックであることを示す属性

foaf:topic は定義域と値域がそれぞれ foaf:Document と owl:Thing なので，文書リソースのトピックをもの全般で示す．また，foaf:page は foaf:topic の定義域と値域を逆にしたプロパティである．その他に，foaf:member は定義域と値域が foaf:Group と foaf:Agent なので，グループとそこに所属する人や組織を示す．foaf:PrimaryTopic と foaf:isPrimaryTopicOf は，それぞれ foaf:topic と foaf:page と同じ定義域と値域をもつ．

以上で説明した FOAF 語彙を用いて，DBpedia の RDF トリプル例をつぎに示す．DBpedia では著名な人物を記述するために，FOAF 語彙により RDF トリプルがいくつか記述されている．

```
dbr:Tim_Berners-Lee a foaf:Person ;
foaf:name "Sir Tim Berners-Lee"@en ;
foaf:givenName "Tim"@en ;
foaf:surname "Berners-Lee"@en ;
foaf:isPrimaryTopicOf wi:Tim_Berners-Lee ;
foaf:depiction <http://...Tim_Berners-Lee.jpg> .
wi:Tim_Berners-Lee foaf:primaryTopic dbr:Tim_Berners-Lee .
```

ティム・バーナーズ=リー氏は人間クラスのインスタンスであり，言語タグ付きの英語名(姓名，名，姓)が記述されている．foaf:isPrimaryTopicOf により，リー氏が wi:Tim_Berners-Lee で示した Wikipedia 文書の主要トピックであることを示す． ここで名前空間接頭辞 wi は，http://en.wikipedia.org/wiki/ を意味する．最終行の foaf:PrimaryTopic は，foaf:isPrimaryTopicOf の逆プロパティとして文書とその主要トピックを示す．さらに，foaf:depiction の目的語から本人の画像データ URI が参照できる．

上記の RDF トリプル例では，DBpedia のような大きなデータセットの一部に FOAF 語彙が使われている．それとは別に，FOAF 語彙によって各人が小規模な RDF データで個人情報を作成・公開する場合がある．例えば，以下は Halter 氏個人が独立した RDF ファイルを作成し，個人的に Web サイト `http://andreashalter.ch/foaf.rdf` で公開している．以下の Turtle 形式は，元の RDF/XML ファイルを読みやすく変換した．

```
<http://andreashalter.ch/foaf.rdf#dexxter> a foaf:Person ;
foaf:name "andreas halter" ; foaf:title "mr" ;
foaf:firstName "andreas" ; foaf:surname "halter" ;
foaf:nick "andreas" ;
foaf:mbox_sha1sum "...40a671162d8b9d6713cf3dda3a0" ;
foaf:homepage <http://andreashalter.ch/> ;
foaf:workplaceHomepage <http://www.delicate.ch/> ;
foaf:weblog <http://bubus.ch> ;
foaf:depiction <http://andreashalter.ch/me.jpg> ;
foaf:knows [ a foaf:Person ;
foaf:name "Hannes Gassert" ;
foaf:mbox_sha1sum "...d2fc9ef768def9339091e4be779" ;
foaf:homepage <http://circle.ch/> ;
rdfs:seeAlso <http://circle.ch/blog/foaf.rdf> ].
```

前半は，Halter 氏（リソース）のクラス，文字列名，ニックネームや画像データが宣言されている．つづいて，`foaf:mbox_sha1sum` や `foaf:homepage` などでメールアドレス，ホームページやブログの URI が参照される．これらは，本人が自ら書くような詳しい情報である．一方 DBpedia は，著名人に関して第三者が記述し内容は基本情報に限られる．著名人や歴史上の人物に関して，知り合いや関心物を書くことは難しい．FOAF 語彙の主な利用は，個人が主体的に RDF データを作成していって，`foaf:knows` で知人や組織，`foaf:interest` で興味のあるページなどを示すことにある．この例では，Halter 氏の知人として Gassert 氏が参照され人ネットワークを構成する．加えて Gassert 氏のクラス，文字列名，メールアドレス，ホームページを参照し，`rdfs:seeAlso` により別途 Gassert 氏の詳しい RDF データをたどることができる．

4.2 SKOS

シソーラス，概念階層（タキソノミー），分類学などの古くから使われている知識システムにより，多くの構造化された知識が存在する．これらの構造化知識の再利用は有用であり，それらを RDF データ化すれば Web 上で広く共有できる．この目的で提案されたのが，SKOS（simple knowledge organization system）語彙†である．概念階層などの記述には Web オントロジー言語 OWL があるが，記述論理に基づくため概念間の関係が厳密である．例えば，人間クラスと動物クラスは部分集合の関係にある．それに比べて従来のシソーラスや概念階層は，概念間関係の意味が曖昧なので OWL とは別に SKOS 語彙が必要である．SKOS 語彙の名前空間接頭辞は，以下により宣言される．

```
@prefix skos: <http://www.w3.org/2004/02/skos/core#> .
```

4.2.1 概念を説明する語彙

SKOS では，シソーラス，概念階層などに現れる概念とそれらの意味的な関係性を記述する．ここまでの RDF データでは，具体的な対象物としてのリソース（インスタンス）とそれらを集めたクラスがあった．しかし，SKOS では具体物から抽象物を網羅する「概念」を定義していく．そのため，まず以下の SKOS 語彙を用いてリソースが概念クラスのインスタンス（すなわち，概念リソース）であることを宣言する．

`skos:Concept`　概念クラス

つづいて，以下のプロパティ語彙は概念リソースに対する名称（概念名）をリテラルで表現する．

`skos:prefLabel`　概念の名称を示す属性

`skos:altLabel`　概念の代替名称を示す属性

† https://www.w3.org/2004/02/skos/

skos:hiddenLabel　概念の非表示名称を示す属性

skos:definition　概念を定義する属性

1〜3番目までのプロパティの値域は，すべて rdf:PlainLiteral である．まず，skos:prefLabel は概念リソースの第一名称を示し，skos:altLabel は同じ意味をもつ代替の名称を示す．skos:hiddenLabel は，スペルミスなどの語を含んだ非表示名称を示す．

例えば，ユネスコシソーラスは教育，文化，自然科学や社会人間科学などの専門用語を定義しており，SKOS 語彙による RDF データが提供されている．その中で，以下の RDF トリプルは「心理学」という概念を表している．

```
unesco:C03195 a skos:Concept ;
skos:prefLabel "Psychology" ;
skos:altLabel "Individual psychology" ;
```

unesco:C03195 は概念リソースの URI であり，skos:Concept のインスタンスである．この概念リソースの名称は Psychology であり，代替の名称は Individual psychology である．なお，http://skos.um.es/unescothes/は名前空間接頭辞 unesco により表される．

さらに，以下のプロパティ語彙は概念リソースを説明する情報を記述する．その情報は，文字列による文章や URI により記述される．

skos:note　概念のメモを記述する属性

skos:definition　概念の定義を記述する属性

skos:example　概念の例を記述する属性

skos:note は，概念リソースに関して言語タグ付きリテラルによるメモやそのメモを参照する URI を示す．同様に，skos:definition と skos:example は，リテラルまたは URI で概念リソースに関する定義と例を記述する．概念リソースを説明する他のプロパティには，skos:changeNote，skos:editorialNote，skos:historyNote，skos:scopeNote がある．

例えば，ニューヨークタイムズの著名人に関する RDF データでは以下のように SKOS 語彙を用いている．

```
nyt:N9449400522917066013 a skos:Concept ;
skos:prefLabel "Daschle, Tom"@en ;
skos:definition "Tom Daschle, the former South Dakota
senator, was nominated by President Barack Obama to be
secretary of health and human services. ..." ;
```

これは skos:prefLabel と skos:Concept により，Daschle 氏の概念リソースが nyt:N9449400522917066013 であることを表す．この人物を説明するために，skos:definition を用いた少し長めの文章が記述されている．ここで名前空間接頭辞 nyt は，http://data.nytimes.com/elements/を示す．

4.2.2　概念間の関係を定義する語彙

先述のように概念リソースが導入された後に，SKOS 語彙を使って概念間の意味関係を記述してシソーラス，概念階層などを構築する．つぎのプロパティ語彙は，概念間の上位と下位，および関連性を意味する．いずれのプロパティも定義域と値域は skos:Concept となり，概念リソース間の関係を言明する．

skos:broader　上位概念を示す属性

skos:narrower　下位概念を示す属性

skos:related　関連概念を示す属性

skos:semanticRelation　意味的関係を示す属性

概念間の関係には，クラス間関係（rdfs:subClassOf など）との違いに注意が必要である．skos:broader と skos:narrower の上位・下位概念は，上位・下位クラスに比べて曖昧な関係性を意味する．下位クラスのすべてのインスタンスは上位クラスのインスタンスでもあるが，上位・下位概念では必ずしもそうでない．この曖昧さのおかげで，図書や文書の専門分野を分類している小・中・大項目に利用できる．例えば，小項目「株」が中項目「金融」の下位概念となる関係を宣言できるが，これらにサブクラスの関係は成り立たない．上位・下位概念は，サブクラス関係とは違って一般的に推移性が保証されない．もし概念間に推移性をもたせたいならば，skos:broaderTransitive と skos:narrowerTransitive を使う．言い換えれば，上位・下位クラスのほうが上位・下位概念よりも強く厳密な関係なので，rdfs:subClassOf 関係が成り立てば skos:broader 関係も成り立つ．加えて，インスタンスとクラス（rdf:type），部分と全体（PART-OF）のような関係でも，概念間の skos:broader 関係を宣言してもよい場合がある．

また，skos:related は関連する概念ならばなにを参照してもよい．広く意味的関係を示す skos:semanticRelation は，その他の三つのプロパティ語彙をサブプロパティにもつ．

例えば，先に述べたユネスコシソーラスでは，以下のように「心理学」に関連する他概念との関係を宣言している．

```
unesco:C03195 skos:narrower unesco:C03191 .
unesco:C03191 skos:prefLabel "Psychological research" .
```

これらにより，unesco:C03195（心理学を示す概念リソース）の下位概念が unesco:C03191 であることを示す．このとき，下位概念の unesco:C03191 は「心理学研究」を意味する．

4.2.3 スキーマを定義する語彙

SKOS において概念スキーマ（またはスキーマ）とは，知識設計の目的ごとにいくつかの概念を集めた集合のことをいう．シソーラスや概念階層などは，そうした複数の概念からなる概念スキーマの一つである．多くのシソーラスや概念階層が構築されているので，その相互利用のためにもそれぞれの概念スキーマを１リソースとして識別する必要がある．

以下は概念スキーマのクラス語彙であり，rdf:type により概念スキーマリソースを定義する．

skos:ConceptScheme　概念スキーマクラス

skos:ConceptScheme は，skos:Concept とはレベルの違うリソースのクラスでありたがいに素である．

以下は，概念スキーマとそれを構成するリソースを関係づけるプロパティ語彙である．

skos:inScheme リソースのスキーマを示す属性

skos:hasTopConcept　概念のスキーマを示す属性

skos:topConceptOf　スキーマに属す概念を示す属性

skos:inScheme と skos:hasTopConcept は，リソースと概念がそれぞれ属す概念スキーマを示す．これらのプロパティの値域は skos:ConceptScheme であり，目的語は概念スキーマになる．しかし前者の主語は任意のリソースだが，後者は定義域が skos:Concept なので主語が概念に限定される．また，skos:topConceptOf は skos:hasTopConcept の逆プロパティであり，主語が概念スキーマで目的語が概念となる．

例えば，ユネスコシソーラスでは，以下のように心理学リソースの概念スキーマが宣言されている．

```
unesco:CS000 skos:topConceptOf unesco:C03195 .
unesco:CS000 skos:prefLabel "UNESCO Thesaurus" .
```

これらにより，unesco:CS000 が概念 unesco:C03195 の属す概念スキーマを示す．このとき，skos:prefLabel より unesco:CS000 は「ユネスコシソーラス」を意味する．

4.2.4 スキーマ間で二つの概念をリンクする語彙

上位・下位概念を定めるプロパティ語彙は，主に概念スキーマ（概念階層など）内において概念間を相互に意味づけている．複数の概念スキーマは異なって作成されるため，それぞれ導入した概念が同じまたは類似した意味をもつことは避けられない．そうした状況で，別々の概念スキーマに含まれる概念をリンクすれば知識の相互利用に役立つ．以下のプロパティ語彙は，異なるスキーマ（もしくは単一のスキーマ）における二つの概念を一致関係でリンクさせる．いずれのプロパティも定義域と値域は skos:Concept となる．

skos:closeMatch　近似一致を示す属性

skos:exactMatch　完全一致を示す属性

skos:mappingRelation　リンク関係を示す属性

skos:closeMatch は，類似した二つの概念リソース（主語と目的語）をつなげる．skos:exactMatch は，まったく同じ意味の概念が別々にリソース化されているときに両者をリンクする．推移的でより強い関係の skos:exactMatch は，推移的でない skos:closeMatch のサブプロパティである．これら二つのプロパティ語彙は，skos:mappingRelation のサブプロパティとなる．

異なるスキーマに含まれる二つの概念をリンクさせるとき，上記プロパティで宣言できるような同義語の概念が見つかるとはかぎらない．そのときに，比較的に近い意味や関連する概念をリンクする．以下のプロパティ語彙は，上位・下位または関連性により概念間の一致関係を示す．

skos:broadMatch　上位一致を示す属性

skos:narrowMatch　下位一致を示す属性

skos:relatedMatch　関連一致を示す属性

名前からわかるように，先述した概念間の上位と下位，および関連性を示したプロパティと同様の意味をもつ．すなわち，三つのプロパティはそれぞれ skos:broader，skos:narrower，skos:related のサブプロパティである．

例えば，ニューヨークタイムズの見出し語に関する RDF データでは，以下のように SKOS 語彙を用いて他リソースとのリンクを示す．

```
nyt:11711231656605160440 a skos:Concept ;
skos:prefLabel "Civil War and Guerrilla Warfare"@en ;
skos:narrowMatch dbpedia.org:Civil_war ;
skos:scopeNote "Term is combined with relevant country
name for any coverage of civil or guerrilla warfare."@en
```

skos:Concept と skos:prefLabel により，nyt:11711231656605160440 は概念リソース「内戦やゲリラ戦」を表す．skos:narrowMatch により，この概念リソースは DBpedia で定義された類似の概念リソース「内戦」と下位一致する．これらのリンクは，外部サイトの RDF データとつながるために重要である．また，skos:scopeNote により概念リソースを英文で説明している．

4.3 DC

DC (Dublin core) は，ダブリンコアメタデータイニシアティブ (Dublin Core Metadata Initiative, DCMI) †により標準化されたメタデータの共通語彙である．その起源は，1995 年にダブリンで開催されたメタデータワークショップにさかのぼる．RDF データモデルが標準化される以前から，コンピュータで扱う文書やリソースに関するメタデータの語彙を策定してきた．その成立ちにより，文書やリソースのプロファイルに関する基本語彙が充実している．DC 語彙の名前空間接頭辞は，以下により宣言される．

```
@prefix dc: <http://purl.org/dc/elements/1.1/> .
@prefix dcterms: <http://purl.org/dc/terms/> .
```

4.3.1 DC メタデータの基本要素

DC メタデータのうち最も基本的なプロパティ語彙が，名前空間 dc の下で 15 要素用意されている．これらの 15 要素は，国際標準化機構（ISO）によりプロファイル情報を記述する標準として ISO 15836 に定められている．まず，リソースのタイトルや作成者などを示すプロパティ語彙が以下である．

dc:title　名前を示す属性
dc:creator　作成者を示す属性
dc:subject　トピックを示す属性
dc:publisher　出版者を示す属性
dc:date　日時などを示す属性
dc:type　カテゴリを示す属性
dc:contributor　貢献者を示す属性

dc:title はリソースの名前を示し，dc:creator はリソースの作成者や著者を

† http://dublincore.org/

人，組織，サービスなどで示す．dc:subject は，キーワードやフレーズなどによりリソースのトピックを示す．dc:publisher は，リソースに責任をもつ出版者を人，組織，サービスなどで表す．dc:date はリソースに関係する日時を記述して，主に作成日，出版日，利用開始日などを示す．dc:type は，リソースが属すジャンルなどのカテゴリや型を示す．dc:contributor は，dc:creator に書かれない編集者や監修者などの貢献者があれば記述する．

dc:type と rdf:type は似ているが，DBpedia では両者を以下のように 2 種類のカテゴリ記述に対して用いている．

```
dbr:Ice_cream dc:type "Dessert"^^xs:string ;
              rdf:type dbo:Food .
```

dc:type により，アイスクリームのカテゴリが文字列型付きリテラルのデザートとなる．一方 rdf:type の場合は，URI で表したクラス dbo:Food が使われている．DBpedia の使い分けは一例にすぎず，dc:type で URI で表したクラスを用いても問題はない．

以下のプロパティ語彙は，リソースが情報や文書のときその保存形式，適用範囲，権利などを記述する．

dc:format　データ形式を示す属性

dc:identifier　識別子を示す属性

dc:language　使用言語を示す属性

dc:coverage　時空間的な適用範囲を示す属性

dc:rights　権利情報を示す属性

dc:format は，ファイル形式やメディアタイプ（XML，HTML，PDF）などの MIME タイプで記述される形式を示す．dc:identifier は，文字列や数字（ISBN など）を使ってリソースの普遍的な識別子を明示する．dc:language は，リソースが示す文書を作成した使用言語を表す．例えば，DBpedia では以下のように Wikipedia 記事の使用言語を示す．

```
<http://en.wikipedia.org/wiki/Media>
                        dc:language "en"^^xs:string .
```

これは，用語「メディア」を説明する記事リソースが英語で書かれていることを示す．また，dc:coverage は場所や地域などの空間，または日時などの時間でリソースの適用範囲を表す．dc:rights は，知的財産に代表される権利の情報を示す．

以下のプロパティ語彙は，リソースの説明と関連する他のリソース参照を示す．

dc:description　説明文を示す属性

dc:relation/dc:source　関連リソースを示す属性

dc:description は，人が読める文章によりリソースの説明を記述する．DBpedia では，以下のようにリソースを文字列で説明している．

```
dbr:Al_Pacino dc:description "American actor"@en.
```

アル・パチーノの人物説明が，英語の言語タグ付きでアメリカ人俳優と書かれている．また，dc:relation と dc:source は関連するリソースを参照する．

4.3.2 DCMI メタデータの基本要素

先述した 15 個の基本要素を包含する形で拡張した DCMI メタデータ語彙が提案されている．それらは名前空間 dcterms の下で定義され，2012 年に最新版が更新されている．DCMI メタデータでは，新たな語彙を追加するだけでなくプロパティ語彙の値域により語彙定義を明確化している．

まず，名前空間 dc では値域が不明確であった 15 個のプロパティ語彙が名前空間 dcterms の下で再定義されている．そのうち，以下の三つのプロパティ語彙は値域が rdfs:Literal となる．

dcterms:title/dcterms:date/dcterms:identifier

rdfs:Literal は RDF(S) のクラス語彙であり，目的語をリテラルで書くよう規定される．また，dcterms:type の値域は rdfs:Class と定められている．

その他のプロパティ語彙の値域を定義するために，つぎのような DCMI のクラス語彙が導入される．

dcterms:Agent　人，組織，ソフトウェアエージェントのクラス

dcterms:MediaTypeOrExtent　メディアタイプと範囲のクラス

dcterms:LinguisticSystem　自然言語やコンピュータ言語のクラス

dcterms:LocationPeriodOrJurisdiction　場所，期間や区域のクラス

dcterms:RightsStatement　権利についての言明クラス

dcterms:Agent は，人，組織，ソフトウェアエージェントなどの主体者リソースのクラスである．dcterms:Agent は dcterms:AgentClass のインスタンスであり，学生，教師などと同レベルのクラス語彙である．dcterms:MediaType を下位概念にもつ dcterms:MediaTypeOrExtent は，メディアタイプと範囲を包含するクラスである．dcterms:LinguisticSystem は，人が読み書きできる日本語や英語などの自然言語から人工的なコンピュータ言語を含むクラスである．dcterms:LocationPeriodOrJurisdiction は，場所，時間的な期間，法律的な権限の区域などのクラスである．dcterms:RightsStatement は，知的財産などの法律的な権利についての記述リソースのクラスである．

以下のプロパティ語彙は，上記の dcterms:Agent を値域とする．

dcterms:creator/dcterms:publisher/dcterms:contributor

これにより，作成者，出版者，貢献者のリソースが人，組織，ソフトウェアエージェントなどに限定される．さらに以下のプロパティ語彙の値域も，それぞれ DCMI のクラス語彙で定義される．

dcterms:format の値域　dcterms:MediaTypeOrExtent

dcterms:language の値域　dcterms:LinguisticSystem

dcterms:coverage の値域　dcterms:LocationPeriodOrJurisdiction

dcterms:rights の値域　dcterms:RightsStatement

このように，基本的なプロパティ語彙の値域を定めるためにいくらかのクラス語彙が導入されている．また，プロパティ語彙15個のうち残り dcterms:subject, dcterms:description, dcterms:source, dcterms:relation は，値域が未定義で任意の目的語リソースを記述できる．

4.3.3 DCMI メタデータの拡張要素

DCMI メタデータでは，値域を定義するクラス語彙と15個の基本的なプロパ

ティ語彙を再定義するだけでなく，新たなプロパティ語彙も追加している．ここでは，プロパティ語彙の追加のうち実際によく使われている一部を紹介する．以下のプロパティ語彙は，文書やデータなどのリソースを説明する属性である．

dcterms:created　作成された日付を示す属性

dcterms:modified　修正された日付を示す属性

dcterms:rightsHolder　権利をもつ主体者を示す属性

dcterms:created と dcterms:modified の値域は rdfs:Literal であり，それぞれリソースの作成日と修正日をリテラルで示す．dcterms:rightsHolder の値域は dcterms:Agent であり，リソースの権利を保持・管理する人や組織を示す．

つぎの RDF データは，SKOS 語彙の説明で用いたニューヨークタイムズの著名人に関する例である．DCMI のプロパティ語彙を用いて，Daschle 氏の概念リソースが定義されている．

```
nyt:N9449400522917066013 a skos:Concept ;
skos:prefLabel "Daschle, Tom"@en .
nyt:N41138681141501388643.rdf dc:creator
                "The New York Times Company"^^xs:string ;
dcterms:created "2009-08-20"^^xs:date ;
dcterms:modified "2010-06-22"^^xs:date ;
dcterms:rightsHolder "The New York Times.."^^xs:string ;
foaf:primaryTopic nyt:N9449400522917066013 .
```

このとき，nyt:N9449400522917066013 が Daschle 氏の概念リソースであり，nyt:N41138681141501388643.rdf が Daschle 氏に関する RDF データのリソースである．二つのリソースの位置づけは，最終行の foaf:primaryTopic でこの RDF データリソースの主要トピックが Daschle 氏の概念リソースであると宣言されている．dc:creator と dcterms:rightsHolder により，作成者と権利保有者がニューヨークタイムズ社であることを示す．また，dcterms:created と dcterms:modified により，2009 年 8 月 20 日に作成され 2010 年 6 月 22

日に改訂されたことがわかる．

4.4　　vCard

vCard[†]は，ビジネスにおいて個人や組織の情報を電子的に記述するために標準化されたデータ形式である．vCard 形式のファイルは，MIME タイプで text/vcard と表す．vCard で書かれた個人情報は，電子名刺として電子メールに付与できる．vCard のメタデータに基づいた RDF 用の語彙によって既存の vCard データを RDF データへ変換したり，FOAF に不足していた語彙を拡張したりできる．vCard の名前空間接頭辞は，以下により宣言される．

```
@prefix vcard: <http://www.w3.org/2006/vcard/ns#> .
```

4.4.1　名刺情報に関する基本クラス語彙

vCard では，名刺に記載されるような個人情報を記述する．そのとき，それぞれ一つの名刺に相当する対象を vCard オブジェクトという．まず，vCard には以下の基本クラス語彙がある．

vcard:VCard　vCard オブジェクトクラス

リソースが vcard:VCard のインスタンスのとき，vCard オブジェクトとなる．このクラスと同じ意味をもつ vcard:Kind が新しく導入されており，現在ではその使用が推奨される．以下の語彙は，いずれも vcard:VCard と vcard:Kind のサブクラスである．

vcard:Individual　個人クラス

vcard:Group　グループクラス

vcard:Organisation　組織クラス

vcard:Location　所在地クラス

これらのクラスにより，リソースが個人，グループ，組織，所在地のいずれか

† https://www.w3.org/TR/vcard-rdf/

であるか明確になる．例えば，W3C の vCard 仕様書に書かれたつぎの例では，ex:corky で示したリソースが個人であることを宣言する．

```
ex:corky a vcard:Individual .
```

これに従って，この後に個人の情報を適宜追加していけばよい．

4.4.2　名刺情報を記述するプロパティ語彙

各 vCard オブジェクトに対して，その属性情報を示すプロパティ語彙が用意されている．以下のプロパティ語彙は，個人や組織の情報を示す．

vcard:fn　書式化された名前を示す属性

vcard:nickname　ニックネームを示す属性

vcard:hasEmail　メールアドレスを示す属性

vcard:fn は formatted name の略記で，vCard オブジェクトの文字列名を示す．vcard:nickname は，ニックネームが文字列で与えられる．vcard:hasEmail はメールアドレスを示し，古い語彙の vcard:email も同じ意味で使用される．

上記例のつづきで，以下のように Corky Crystal 氏の個人情報を記述する．

```
ex:corky a vcard:Individual ;
vcard:fn "Corky Crystal" ;
vcard:nickname "Corks" ;
vcard:hasEmail <mailto:corky@example.com> .
```

これにより，Corky Crystal 氏の文字列名，ニックネームとメールアドレスが読み取れる．

4.4.3　構造化された属性を示すプロパティ語彙

プロパティ語彙 vcard:fn と vcard:nickname では，いずれもプロパティ値がリテラルで記述される．リテラルの氏名は，そのまま文字列として表示できる．しかし，リテラル内には姓と名を意味する構造が内在されている．一方，プロパティ値がオブジェクトならば，そのオブジェクトを介して複数の属性に分けて保持できる．例えば，個人名ならば姓と名，住所ならば国名，郵便番号，番地などと属性を分解する．このような属性の意味構造化は，データの機械可読性を向上させる．前者のようにプロパティ値がリテラルのときデータプロパティといい，後者のようにオブジェクトのときオブジェクトプロパティという．

名前や住所などをリテラルではなくオブジェクトとしたとき，以下のクラス語彙が導入される．

vcard:Name　名前クラス

vcard:Address　住所クラス

これらのクラスをそれぞれ値域に用いて，つぎのオブジェクトプロパティ語彙が導入される．

vcard:hasName　構造化された名前を示す属性

vcard:hasAddress　構造化された住所を示す属性

プロパティ値に記述されたオブジェクトは，さらに詳細に構造化された名前と住所の属性情報をもつ．これらと同じ意味の古い語彙 vcard:n と vcard:adr も使われている．

以下のデータプロパティ語彙は，名前クラスを定義域にもつ（すなわち，主語が名前オブジェクトとなる）．

vcard:given-name　名を示す属性

vcard:family-name　姓を示す属性

vcard:additional-name　ミドルネームを示す属性

これらのプロパティを介して，名前情報は姓，名とミドルネームへ細分化されて意味構造が解読しやすい．また，以下のオブジェクトプロパティ語彙は，住所クラスを定義域にもつ（すなわち，主語が住所オブジェクトとなる）．

vcard:postal-code　郵便番号を示す属性

vcard:country-name　国名をを示す属性

vcard:street-address　通り（住所）を示す属性

vcard:locality　市や町を示す属性

これらにより，住所情報は郵便番号，国名，通り，市や町へ細分化される．

例えば，クランフィールド大学（イギリス）の住所を vCard 語彙を用いて以下のように表している.

```
<http://www.cranfield.ac.uk/#org>
vcard:hasAddress <http://www.cranfield.ac.uk/#address> .
<http://www.cranfield.ac.uk/#address> a vcard:Address ;
vcard:postal-code "MK43 0AL" ;
vcard:country-name "United Kingdom" ;
vcard:street-address "COLLEGE ROAD" ;
vcard:locality "CRANFIELD, BEDFORD" .
```

一つ目のRDFトリプルでは，クランフィールド大学を示すURIの`.../#org`が`vcard:hasAddress`により住所オブジェクトをもつ．すなわち，`.../#address`が住所オブジェクトであり，`vcard:Address`クラスに属す．残りの四つのRDFトリプルはその住所オブジェクトを主語にして，郵便番号，国名，通り名，町名をそれぞれリテラルで記述する.

4.5　Schema.org

Schema.org[†1]は，インターネットやWebにおいて構造化データを作成するために開発された共通語彙である．エンティティやイベントのクラス（またはタイプ）語彙，それらを関係づけるプロパティ語彙が規定されている．特に，Schema.orgはGoogle, Microsoft, Yahoo, Yandexなどの企業にサポートされ，1000万以上のサイトで広く利用されている．Schema.orgでは，クラス[†2]の語彙集合がクラス階層で構築されており，各クラスに関連したプロパティ語彙が定義されている．Schema.orgの名前空間接頭辞は，以下により宣言される.

```
@prefix schema: <http://schema.org/> .
```

[†1] http://schema.org/

[†2] Schema.orgでは，本来「クラス」ではなく「タイプ」の用語が使われている．本書では，他の説明との一貫性のためクラスと呼ぶこととする.

4.5.1 ものに関するクラス階層

Schema.orgでは，Webや日常生活に関する共通クラスが階層上に定義される．以下は，その最上位クラスである．

`schema:Thing` 最上位クラス

`schema:Thing`は，最上位クラスとして実体，無形物や出来事などをすべて含む最も一般的なクラスである．さらに，`schema:Thing`直下にあるサブクラスには，以下のクラス語彙が用意されている．

`schema:Action` 行為クラス

`schema:CreativeWork` 創造物クラス

`schema:Event` イベントクラス

`schema:Intangible` 無形物クラス

`schema:MedicalEntity` 医療対象物クラス

`schema:Organization` 組織クラス

`schema:Person` 人間クラス

`schema:Place` 場所クラス

`schema:Product` 生産物クラス

`schema:Action`は，主体者などが直接的または間接的に実行する行為のクラスを示す．`schema:CreativeWork`は，書籍，映画，写真，ソフトウェアなどの創造されたもののクラスである．`schema:Event`は，コンサート，講演，祭りなどのある時間と場所で起こるイベントのクラスである．`schema:Intangible`は，量や値のような実体のない対象のクラスである．その対象範囲は広く，サービス，注文，旅行，切符やチケットなどのようなそれ自体は実体がなくて代替物が存在するものを示す．`schema:MedicalEntity`は医療や健康に関する情報や対象物のクラスで，`schema:Organization`は学校，会社などの組織や団体のクラスである．`schema:Person`は，生死にかかわらず実在する人や架空の人物のクラスである．`schema:Place`は，地理的な範囲から建物まで場所のクラスを示す．`schema:Product`は，服や車などの生産物からチケット，レンタル，マッサージ，TVドラマなどのサービスのクラスである．

これらのクラス語彙は，rdf:type を用いてリソースがなんであるか規定する．例えば，DBpedia では人物名や場所のリソースに対して，schema:Person と schema:Place がよく使われる．その他に，DBpedia では以下のようなクラス語彙が用いられる．

```
dbr:BBC a schema:Organization .
dbr:Japanese_battleship_Yamato a schema:Product .
dbr:1958_French_Grand_Prix a schema:Event .
```

これらは，放送局 BBC，戦艦大和，1958 年 F1 フランスグランプリのリソースがそれぞれ組織，生産物，イベントのクラスに属すことを示す．

以上の基本的クラスは，下位階層を構成するサブクラス（より具体的なクラス）をもつ．例えば schema:Event や schema:Intangible は，以下を含む 10 以上のサブクラスをもつ．

schema:Event
- schema:BusinessEvent　ビジネスイベントクラス
- schema:Festival　祭りや催し物クラス
- schema:SportsEvent　スポーツイベントクラス

schema:Intangible
- schema:BusTrip　バス旅行クラス
- schema:Order　顧客からの注文クラス
- schema:Service　サービスクラス

これらは，リソースの意味を具体的に定める．例えば，以下は 1958 年 F1 フランスグランプリがスポーツイベントであることを示す．

```
dbr:1958_French_Grand_Prix a schema:SportsEvent .
```

具体的なクラス語彙はリソースの意味を明確にするのに加え，サブクラスの集まりがその上位クラスの意味も明確にする．例えば，schema:Intangible は無形物クラスだがその意味は少々漠然としている．しかし，バス旅行クラス，顧客からの注文クラス，サービスクラスなどがサブクラスなので，サービスのような目に見える形でない対象物だと理解できる．

クラスによっては，何層も深く下位クラスが定義されている．例えば，場所クラスは以下のサブクラスをもつ．

schema:Place

schema:CivicStructure　都市建造物クラス

schema:LandmarksOrHistoricalBuildings　ランドマークと歴史的建物のクラス

schema:AdministrativeArea　行政区画クラス

schema:City　市や町のクラス

schema:Country　国クラス

schema:State　州クラス

DBpedia では，schema:Place と併用してリソースのクラスを schema:City や schema:Country で宣言している．

4.5.2 ものに関するプロパティ語彙

以下の基本的なプロパティ語彙は，schema:Thing のインスタンス（リソース）に用いられる．schema:Thing は下位クラスを包含する最上位クラスなので，これらのプロパティはすべてのインスタンス（リソース）の属性を示す．

schema:additionalType　クラスを示す属性

schema:alternateName　別名を示す属性

schema:description　説明を記述する属性

schema:image　画像を示す属性

schema:mainEntityOfPage　主要ページを示す属性

schema:name　名前を示す属性

schema:potentialAction　行為や役割を示す属性

schema:sameAs　同じリソースを参照する属性

schema:url　URL を示す属性

schema:additionalType は rdf:Type のサブプロパティであり，リソースが属すクラスを示す．schema:alternateName は，リソースの別名をテキストで示す．schema:description は，リソースの説明をテキストで記述する．schema:image は，リソースを描写する画像の URL もしくは画像インスタンスを参照する．schema:mainEntityOfPage は，リソースについて記述する主要な Web ページや創造物を示す．schema:name は，リソースの名称を文字列で表す．schema:potentialAction は，リソースが実行する行為によりその役割などを示す．schema:sameAs は，同一のリソースを識別する別の URL を参照する．schema:url は，リソース自身の URL を示す．

さらに，下位クラスのインスタンスに特化したプロパティ語彙が用意されている．例えば，schema:CreativeWork のインスタンスには以下のプロパティ語彙がある．

schema:datePublished　公開日を示す属性

schema:genre　ジャンルを示す属性

schema:Book は schema:CreativeWork のサブクラスであり，そのインスタンスには以下のプロパティ語彙がある．

schema:bookEdition　書籍の版数を示す属性

schema:bookFormat　書籍形式を示す属性

各クラスのインスタンスは，その上位クラスのすべてのプロパティ語彙が使える．

OCLC (Online Computer Library Center) は，世界各国の図書館が参加している蔵書目録 WorldCat (OCLC online union catalog) を提供する．OCLC では，Schema.org 語彙を用いて WorldCat の蔵書目録を RDF データへ変換・公開している．例えば，以下は Schema.org のプロパティ語彙を用いた RDF トリプル例である．

```
oclc:173512210 a schema:Book ;
schema:name "Harry Potter and the deathly hallows" ;
schema:bookEdition "1st ed." ;
schema:datePublished "2007" ;
schema:description "Burdened with the dark, dangerous,
and seemingly impossible task ..." ;
```

```
schema:genre "Fiction" .
```

リソース oclc:173512210 が書籍クラスに属し，schema:name によりタイトル「ハリー・ポッターと死の秘宝」を示す．また，schema:description は，書籍の説明が文章で書かれている．創造物クラスと書籍クラスに属することから，schema:bookEdition, schema:datePublished, schema:genre により，2007 年出版の初版でジャンルはフィクションだとわかる．ここで，名前空間接頭辞 oclc は http://www.worldcat.org/oclc/を示す．

4.5.3 データ型階層

ここまでのクラス語彙とプロパティ語彙に加えて，データ型の語彙を説明する．Schema.org には schema:Thing と排他的なデータ型があり，以下のように schema:DataType を最上位としたデータ型階層が構築されている．

schema:DataType　最上位データ型
- schema:Boolean　ブール型
  - schema:True　真のブール値
  - schema:False　偽のブール値
- schema:Date　日付型
- schema:DateTime　日時型
- schema:Number　数値型
  - schema:Float　浮動小数点数型
  - schema:Integer　整数型
- schema:Text　テキスト型
  - schema:URL　URL 型
- schema:Time　時間型

最上位データ型には，下位のブール型，日付型，日時型，数値型，テキスト型および時間型が存在する．ブール型は真偽のブール値をもつ型であり，例えば，WorldCat では以下のように使われる．

```
oclc:173512210 schema:isFamilyFriendly schema:True .
```

このRDFトリプルは，書籍リソースの`oclc:173512210`が家族向けであることを真とする．プロパティ`schema:isFamilyFriendly`の定義域と値域はそれぞれ`schema:CreativeWork`と`schema:Boolean`であり，創造物リソースが家族向けであるかをブール値で示す．

`schema:Date`と`schema:DateTime`は，ISO 8601で規定された日付型と日時型である．例えば，日付は`2015-09-14`，日時は`2015-09-14T12:35:12+00:00`で表す．また，数値型の下位には浮動小数点数型と整数型があり，テキスト型の下位にはURL型がある．`schema:Time`による時間型は，ある日の時間だけを`12:35:12+00:00`のように記述する．

4.6　GoodRelations

GoodRelations[†]は，eコマースにおいて商品やサービス，値段や支払い方法，それらを扱う販売店などの情報に関して共通語彙やオントロジーを提供する．GoodRelationsの名前空間接頭辞は，以下により宣言される．

```
@prefix gr: <http://purl.org/goodrelations/v1#/> .
```

Schema.orgの名前空間上でも使えるように，GoodRelations語彙はSchema.orgに統合されている．

4.6.1　eコマースの基本クラス語彙

他の共通語彙と同じように，GoodRelationsは商業に関するリソースのクラスを宣言する．よく使われる基本的なクラス語彙は，以下のとおりである．

`gr:BusinessEntity`　ビジネスエンティティクラス

`gr:Offering`　提供クラス

`gr:ProductOrService`　製品やサービスのクラス

`gr:Location`　場所クラス

---

† http://www.heppnetz.de/projects/goodrelations/

gr:BusinessEntity は，ビジネスの主体者である個人や会社などのクラスである．gr:Offering は，販売，修理，リースなどの提供インスタンスのクラスである．gr:ProductOrService は，e コマースで扱う商品やサービスなどのクラスである．また，gr:Location は，販売，修理，リースなどを提供する販売店や場所のクラスである．

リソースのクラス宣言に付随して，以下のプロパティ語彙は文字列でリソースの名称を示す．

gr:name　名前を示す属性

gr:legalName　ビジネスエンティティの正式名を示す属性

gr:name は広くリソースの名前を示すのに対して，gr:legalName はビジネスにおける組織や個人などの正式名称を示す．

例えば，つぎは GoodRelations 語彙を使った RDF データであり，リンクトオープンコマースにより提供されている

```
<http://linkedopencommerce.com/supplier/canon>
a gr:BusinessEntity ;
gr:legalName "Canon" .
```

製品サプライヤのキャノンをリソース.../canon で示し，ビジネスエンティティクラスのインスタンスとして宣言する．gr:legalName により，正式名称が Canon であることを示す．

以下の RDF トリプルは，Eastwood という修理工具メーカーが提供の溶接キットについて記述する．

```
<http://www.eastwood.com/spot-weld-kit.html#offering>
a gr:Offering ;
gr:name "Eastwood MIG Spot Weld Kit" .
```

溶接キットを示すリソース...#offering は，提供クラスのインスタンスとなる．また，以下の RDF トリプルは，自動車修理店とその名称を示す．

```
<http://transmissiondocs.com/#store> a gr:Location ;
gr:name "Transmission Doctors & Auto Care, LLC" .
```

ここで自動車修理店を示すリソース...#storeは，場所クラスに属す．

4.6.2 製品に関するクラスとプロパティ

GoodRelationsには，製品に関連するリソースを特徴づけるクラスやプロパティの語彙が用意されている．以下の語彙は，主に製品に関連するクラスである．

gr:Brand　ブランドクラス

gr:hasBrand　ブランドを示す属性

gr:ProductOrService

　　gr:Individual　個別製品インスタンスのクラス

　　gr:SomeItems　製品インスタンス群のクラス

　　gr:ProductOrServiceModel　製品モデルのクラス

gr:Brandのインスタンスは，ロゴやデザイナなどにより他の製品と区別するブランド名である．gr:hasBrandはgr:Brandを値域とするプロパティであり，リソースがもつブランドを示す．gr:ProductOrServiceは，製品の表し方に応じて三つのサブクラスをもつ．gr:Individualは一つ一つ識別できる個別の製品インスタンスのクラスであるが，gr:SomeItemsは大量生産された製品群のクラスである．前者はある特定の所有者がもつ時計などを表すのに対して，後者は生産された同じモデルの時計の集まりを示す．また，gr:ProductOrServiceModelは，製品そのものではなく製品のモデル（商品の型番など）のクラスである．

製品やサービスの機能的な違いは，つぎの語彙で記述される．ビジネスエンティティ（gr:BusinessEntity）は，提供クラス（gr:Offering）のインスタンスを販売，レンタル，修理，保守などの形で提供する．これらはビジネス機能と呼ばれ，以下のクラスとプロパティの語彙で表現される．

gr:BusinessFunction　ビジネス機能クラス

gr:hasBusinessFunction　ビジネス機能を示す属性

gr:Sell　販売（ビジネス機能）

gr:Repair　修理（ビジネス機能）

gr:LeaseOut　リース（ビジネス機能）

gr:Maintain　保守（ビジネス機能）

gr:BusinessFunctionは，さまざまなビジネス機能のクラスである．販売，修理，リース，保守などは，ビジネス機能クラスのインスタンスである．例えば，gr:Sellなどはgr:BusinessFunctionのインスタンスである．それに対してgr:hasBusinessFunctionはビジネス機能クラスを値域とするプロパティ語彙であり，リソースのビジネス機能を示す．

例えば，上記で述べた溶接キットに関する提供インスタンスが，以下のように販売（ビジネス機能）の属性をもつ．

```
<http://www.eastwood.com/spot-weld-kit.html#offering>
gr:hasBusinessFunction gr:Sell .
```

これにより，溶接キットは（修理やリースではなく）販売されることがわかる．

4.6.3 開店時間に関するクラスとプロパティ

ビジネスは，実世界の中で製品やサービスを取り引きして成り立っている．そのため時間情報が必要であり，以下のような販売店の開店日時に関わる語彙が用意されている．

gr:OpeningHoursSpecification　開店時間エンティティクラス

gr:hasOpeningHoursSpecification　開店時間エンティティを示す属性

gr:DayOfWeek　曜日エンティティクラス

gr:hasOpeningHoursDayOfWeek　開店曜日を示す属性

gr:Monday/gr:Tuesday/...gr:Sunday　月曜日〜金曜日

gr:PublicHolidays　祝日

gr:opens/gr:closes　開店時間/閉店時間

gr:OpeningHoursSpecificationは販売店リソースなどの開店時間エンティティクラスであり，gr:hasOpeningHoursSpecificationの値域となる．この開店時間エンティティは，開店曜日，開店時間や閉店時間などの開店日時をもつ．gr:hasOpeningHoursDayOfWeekは曜日エンティティクラスを値域とするプロパティであり，開店時間エンティティがもつ開店曜日を示す．gr:Mondayから

gr:Sunday の月曜から日曜，gr:PublicHolidays の祝日は，gr:DayOfWeek のインスタンスである．gr:opens と gr:closes は，開店時間エンティティの開店時間と閉店時間を示す．

例えば，以下の RDF トリプルはリンクトオープンコマースにおいてガムボール（ボール形のカラフルなガム）の販売サイトを示す．

```
gumball:store
gr:hasOpeningHoursSpecification gumball:mon_fri .
gumball:mon_fri a gr:OpeningHoursSpecification ;
gr:hasOpeningHoursDayOfWeek gr:Monday ;
gr:opens "07:00:00" .
```

ここで gumball:store は販売店リソースであり，その開店時間エンティティは gumball:mon_fri である．gr:hasOpeningHoursDayOfWeek と gr:opens により，gumball:mon_fri を介してこの店が月曜日（gr:Monday）の 7 時から開店していることを示す．ここで，gumball は http://www.gumball.com/# で定義された名前空間接頭辞を表す．

4.6.4 支払いに関するクラスとプロパティ

GoodRelations では，値段や支払い方法に関するクラスとプロパティの語彙が用意されている．以下は，製品やサービスの価格に関する語彙である．

- gr:PriceSpecification　価格エンティティクラス
    - gr:UnitPriceSpecification　単価エンティティクラス
    - gr:DeliveryChargeSpecification　送料エンティティクラス
    - gr:PaymentChargeSpecification　手数料エンティティクラス
- gr:hasPriceSpecification　価格エンティティを示す属性
- gr:hasCurrency　通貨を示す属性
- gr:hasCurrencyValue　通貨の値を示す属性

gr:PriceSpecification は製品やサービスのリソースがもつ価格エンティティのクラスであり，プロパティ gr:hasPriceSpecification の値域となる．つづく三つのサブクラスは，つぎのエンティティをインスタンスとする．単価エンティティはリソース本体の単価，送料エンティティはリソース本体の価格に追加される送料を示す．手数料エンティティは，支払いに伴うカード払いや銀行振込みなどの手数料を示す．製品リソースは，価格エンティティを介して具体的な価格情報をもつ．例えば，gr:hasCurrency と gr:hasCurrencyValue などのプロパティを用いて，価格エンティティに対して通貨の種類と値を示す．

先述した Eastwood の溶接キットの単価は，以下の RDF トリプルで表される．

```
kit:offering gr:hasPriceSpecification
kit:UnitPriceSpecification_26429 .
kit:UnitPriceSpecification_26429
a gr:UnitPriceSpecification ;
gr:hasCurrency "USD"^^xs:string ;
gr:hasCurrencyValue "34.99" .
```

まず，kit:offering が溶接キットの提供リソースであり，価格エンティティの kit:UnitPriceSpecification_26429 をもつ．このエンティティは単価エンティティクラスのインスタンスであり，最後の二つの RDF トリプルにより価格情報をリテラルで記述する．これにより，溶接キットの価格 34.99US ドルが示される．ここで，kit は http://www.eastwood.com/spot-weld-kit.html#を表す名前空間接頭辞である．

さらに，以下の語彙は製品やサービスに対する支払い方法と配達方法に関するクラスとプロパティである．

gr:PaymentMethod　支払い方法クラス
　　gr:PaymentMethodCreditCard　クレジットカード支払いクラス
gr:acceptedPaymentMethods　可能な支払い方法を示す属性
gr:appliesToPaymentMethod　適用する支払い方法を示す属性
gr:DeliveryMethod　配達方法クラス
　　gr:DeliveryModeParcelService　小包サービスクラス
　　gr:DeliveryModeMail　郵便サービスクラス
gr:availableDeliveryMethods　可能な配達方法を示す属性

gr:PaymentMethod は支払い方法のクラスであり，サブクラスにクレジットカード支払いクラスをもつ．支払い方法クラスのインスタンスには，gr:Paypal や，クレジットカード支払いの gr:MasterCard, gr:VISA などがある．プロパティ語彙の gr:acceptedPaymentMethods と gr:appliesToPaymentMethod は，共に値域が gr:PaymentMethod である．前者は主語の提供リソースに対して利用可能な支払い方法を示し，後者は主語の手数料エンティティが適用となる支払い方法を示す．また，gr:DeliveryMethod は配送会社や配送手段などのクラスであり，サブクラスに小包サービスクラスや郵便サービスクラスをもつ．配達方法クラスのインスタンスには，小包サービスの gr:UPS，gr:DHL，gr:FederalExpress などがある．gr:availableDeliveryMethods は，値域が gr:DeliveryMethod であり利用可能な配達方法を示す．

以下の RDF トリプル例は，ガムボール販売の支払い方法と配達方法を示す．

```
gumball:offering a gr:Offering ;
gr:acceptedPaymentMethods gr:MasterCard ;
gr:availableDeliveryMethods gr:UPS .
```

gumball:offering はガムボールの提供リソースを示し，利用可能な支払い方法がマスターカードで利用可能な配達方法は UPS であることを示す．

4.6.5　顧客に関するクラスとプロパティ

製品やサービスの顧客やそれらを提供する販売店やサービス会社を明確にするために，以下のクラスとプロパティが用意されている．

gr:BusinessEntityType　ビジネスエンティティ種類クラス
gr:Enduser　エンドユーザ
gr:Business　ビジネス
gr:Reseller　再販者
gr:PublicInstitution　公共機関
gr:eligibleCustomerTypes　顧客の種類を示す属性

gr:BusinessEntityType は，提供リソースを特徴づけるビジネスエンティティの種類からなるクラスである．このクラスのインスタンスには，gr:Enduser，gr:Business, gr:Reseller, gr:PublicInstitution がある．gr:Enduser は，製品やサービスを利用するエンドユーザを示す．gr:Business は自身も製品やサービスを提供するビジネス主体者を示し，gr:Reseller は製品を再販目的で購入する主体者を示す．gr:PublicInstitutionは，公共機関としての主体者を示す．プロパティ語彙のgr:eligibleCustomerTypesは，提供リソースに対して顧客の種類をビジネスエンティティで示す．このプロパティの定義域はgr:Offeringであり，gr:BusinessEntityTypeが値域となる．

例えば，以下のRDFトリプルはWallrocksというアンティーク家具店の提供リソースを記述する．

```
http://www.wallrocks.com.au/#offering a gr:Offering ;
gr:eligibleCustomerTypes [gr:Enduser, gr:Reseller] .
```

gr:eligibleCustomerTypesにより，提供リソースに適した顧客がエンドユーザと再販者だとわかる．

4.7 VoID

VoID[†]は，数多く存在するRDFデータセットの間でリンクや関係性を記述する語彙を開発している．VoID語彙により，RDFデータの開発者と利用者をつなぐ役割を担う．すなわち，データセットレベルで関係性や分類が明確になれば，広く応用するためにRDFデータへアクセスしやすい環境が整う．VoIDの名前空間接頭辞は，以下により宣言される．

```
@prefix void: <http://http://rdfs.org/ns/void#/> .
```

4.7.1 データセットに関するクラス

VoIDでは，データセットリソースを特徴づけるクラス語彙が以下のように用意されている．

void:Dataset　データセットクラス

void:DatasetDescription　VoIDデータクラス

void:TechnicalFeature　技術的特徴クラス

void:Datasetは，プロバイダが公開，保守や管理するデータセット（RDFトリプルの集合）のクラスである．void:DatasetDescriptionは，データセッ

[†] https://www.w3.org/TR/void/

トについて記述する VoID データのクラスである．このインスタンスは，あるデータセットリソースを定義するメタなデータセット（VoID データリソース）として参照される．void:TechnicalFeature は，RDF シリアライズのようなデータセットの技術的な特徴のクラスである．

VoID は，DCMI メタデータ語彙を使ってデータセットリソースのタイトルや作成者などを記述できる．以下の例は，蔵書目録 WorldCat のデータセットを VoID 語彙と DCMI メタデータ語彙を用いて定義する．

```
<http://purl.oclc.org/dataset/WorldCat> a void:Dataset ;
dcterms:title "WorldCat" ;
dcterms:description "WorldCat is a dataset that
represents the collective collection .....      " .
dcterms:publisher <http://viaf.org/viaf/156508705> .
```

1 行目は，void:Dataset のインスタンスとして WorldCat のデータセットリソースを宣言する．2 行目以降は，データセットのタイトル，説明と公開者を示す．

4.7.2 データセットに関するプロパティ

VoID では，データセットリソースを特徴づけるプロパティ語彙がつぎのように用意されている．

void:exampleResource　リソース例を示す属性
void:openSearchDescription　検索サービスを示す属性
void:dataDump　データダンプを示す属性
void:subset　サブセットを示す属性
void:triples　データセット内のトリプル数を示す属性
void:vocabulary　使用オントロジーを示す属性
void:uriSpace　名前空間を示す属性
void:sparqlEndpoint　エンドポイントを示す属性

void:exampleResource は，データセットに含まれる代表的なリソース例を示す．void:openSearchDescription は，データセットが提供するテキスト検索サービスの記述へのリンクを指す．void:dataDump は，データセットのダンプを入手できる場所を示す．void:subset は，目的語リソース（データセット）が主語リソース（データセット）のサブセットであることを意味する．void:triples はデータセットを構成する総トリプル数を示し，void:vocabulary はデータセットで使われている語彙やオントロジーを示す．void:uriSpace は，データセットで共通に使われる名前空間 URI を明示する．最後に void:sparqlEndpoint は，SPARQL エンドポイントの URI を示す．

下記の例は，VoID のプロパティ語彙を用いた蔵書目録 WorldCat のデータセットに関するメタデータである．

```
ds:WorldCat a void:Dataset ;
void:exampleResource oclc:12315063 ;
void:openSearchDescription
<http://worldcat.org/.../opensearch.description.xml> ;
void:subset ds:WorldCatMostHighlyHeld ;
void:dataDump <http://..HighlyHeld-2012-05-15.nt.gz> ;
void:uriSpace "http://www.worldcat.org/oclc/" ;
void:vocabulary <http://schema.org/> ;
void:vocabulary <http://purl.org/library/> .
```

void:exampleResource により，データセットリソース ds:WorldCat の代表的なリソース例が oclc:12315063 となる．void:openSearchDescription は，検索サービスについて記述した XML ファイルを表す．void:subset により，ds:WorldCatMostHighlyHeld は ds:WorldCat のサブセットとなる．また，void:dataDump はデータセットの圧縮ファイルを示す．void:uriSpace は OCLC の名前空間 URI を示し，void:vocabulary はデータセットにおける語彙 http://schema.org/と http://purl.org/library/の使用を示す．なお，名前空間接頭辞 ds は，http://purl.oclc.org/dataset/を意味する．

4.7.3 リンクセットのクラスとプロパティ

異なる二つのデータセットをつなげる目的で作成された RDF トリプル集合があり，これをリンクセットと呼ぶ．リンクセット内では，主語が一つのデータセットに属すリソースで，目的語がもう一つのデータセットに属すリソースとなる．例えば，owl:sameAs の述語を使った RDF トリプルにより，二つのデータセットの語彙をつなげたリンクセットが考えられる．

以下の語彙は，リンクセットに関するクラスとプロパティである．

void:Linkset　リンクセットクラス

void:linkPredicate　リンク述語を示す属性

void:subjectsTarget　リンクの主語を含むデータセットを示す属性

void:objectsTarget　リンクの目的語を含むデータセットを示す属性

void:Linkset は，RDF トリプルの集合からなるリンクセットをインスタンスとするクラスである．リンクセットは，void:linkPredicate で示したリンク述語を用いた RDF トリプルで構成される．その RDF トリプルの主語には void:subjectsTarget で示したデータセット内のリソースを，目的語には void:objectsTarget で示したデータセット内のリソースを用いる．

例えば，伝記情報，図書館とその関連組織，著者情報に関する複数のデータセットをリンクするメタデータが http://lobid.org で公開されている．以下の例は，二つのデータセットリソース（void:Dataset クラスのインスタンス）:dbpedia と<http://lobid.org/dataset/organisation/>をつなぐリンクセットである．

```
:lobidOrg-dbpedia a void:Linkset ;
void:linkPredicate rdfs:seeAlso ;
void:subjectsTarget <http://lobid.org/../organisation/> ;
void:objectsTarget :dbpedia .
```

まず，:lobidOrg-dbpedia がリンクセットを示すリソース URI である．2 行目は，リンクセットを構成するリンク述語 rdfs:seeAlso を示す．3，4 行目の void:subjectsTarget と void:objectsTarget は，リンクするデータセットを示す．リンクセットでは，これらのデータセット内のリソースがそれぞれ主語と目的語に現れリンク述語で関係づけられている．なお，デフォルト名前空間は http://lobid.org/dataset/organisation/about.ttl#である．

4.8 OGP

OGP（open graph protocol）[†]は，Facebookなどのソーシャルネットワーク上でWebページのオブジェクトを記述する共通語彙である．OGP語彙を用いれば，FacebookのHTML文書内でメタデータをマークアップして機械可読性を高められる．その結果，検索エンジンが適切に記事を検索できるようになる．FOAF語彙のように，Facebookにかぎらずさまざまな Webページで使用可能な語彙といえる．OGPの名前空間接頭辞は，以下により宣言される．

```
@prefix og: <http://ogp.me/ns#/> .
```

4.8.1 基本プロパティ語彙

OGPでは，人，組織，場所，商品などのソーシャルネットワークで頻出するオブジェクトのメタデータを記述する．つぎの四つは基本プロパティ語彙であり，多くのオブジェクトに共通する属性である．

`og:title` タイトルや名称を示す属性

`og:type` オブジェクトタイプを示す属性

`og:image` オブジェクトを表す画像を示す属性

`og:url` オブジェクトのURLを示す属性

`og:title`は，商品，人や場所などのオブジェクトに対してタイトルや名前を記述する．`og:type`は，以下に列挙したカテゴリを用いてオブジェクトタイプを表す．

`music.song`, `music.album`, `music.playlist`, `music.radio_station`

`video.movie`, `video.episode`, `video.tv_show`, `video.other`

`article`, `book`

`profile`, `website`

音楽とビデオが四つに細分類され，その他に記事，書籍，プロファイル，Webサイトのカテゴリがある．また，`og:image`はオブジェクトを表す画像ファイル

† http://ogp.me/

の URL を示し，og:url はオブジェクトに関する HTML 文書の URL を示す．

4.8.2 その他のプロパティ語彙

基本プロパティ語彙に加えて，つぎのプロパティ語彙が用意されている．

og:audio　音声ファイルを示す属性

og:video　ビデオファイルを示す属性

og:description　オブジェクトの説明を示す属性

og:determiner　限定詞 を示す属性

og:locale　言語や場所を示す属性

og:locale:alternate　その他の言語や場所を示す属性

og:site_name　サイト名を示す属性

og:audio はオブジェクトに関する音声ファイルの URL を示し，og:video はオブジェクトに関するビデオファイルの URL を示す．og:description は，オブジェクトを説明する数行の文章である．また，og:determiner はタイトルの前に付与すべき冠詞などの限定詞を指定できる．og:locale は英語や日本語などの言語や場所を示し，og:locale:alternate はその他の言語や場所を示す．og:site_name は，オブジェクトが属すサイト名を表す．

OGP のメタデータは，HTML 文書内の head タグや meta タグに埋め込むことができる．以下の例は，RDFa 構文により映画作品に対して OGP データのマークアップを行っている．

```
<meta property="og:title"
content="Star Wars: The Force Awakens (2015)">
<meta property="og:type" content="video.movie">
<meta property="og:image"
content="http://ia.media-imdb.com/...1200_AL_.jpg">
<meta property="og:site_name" content="IMDb">
```

og:title は映画タイトル「スターウォーズ/フォースの覚醒」を記述し，og:type はリソースが映画であることを宣言する．つづく og:image により関連する画像ファイルの URL が示され，最後に og:site_name によりサイト名の IMDb が書かれている．

5 リンクトデータ

本章では，セマンティック Web（およびデータの Web）の実体を成すリンクトデータについて説明する．

5.1 リンクトデータとは

リンクトデータ（linked data）は，Web の発明者でセマンティック Web の提唱者でもあるティム・バーナーズ＝リーによって発案された言葉である．セマンティック Web では Web 上に機械可読なメタデータを付与させるが，それはたがいにリンクしていなければ有用ではない．既存 Web がグローバルにリンクされ，人が読める膨大なドキュメント空間をつくり上げたように，リンクトデータは Web 上に人も機械も読める巨大なデータ空間をつくり上げる．

現在，リンクトデータは不特定多数の人々や組織が作成しており，そのデータ量を増大させてかつての Web のように普及段階に入っている．したがって，リンクトデータはセマンティック Web で最も有望でホットな位置づけにある．これまでセマンティック Web に注目していなかった人も，無視できない規模になっている．リンクトデータが拡大するほど，既存 Web そのものにセマンティック Web が入り込んでデータの Web を実現する．その結果，リンクトデータが当たり前の Web 技術となっていくだろう．

リンクトデータとして Web に分散したさまざまなデータをつなぐには，データに含まれる対象間のリンクや意味を記述する標準的な仕組みが必要である．グローバルデータ空間の実現（データの Web）のために，リンクトデータは

RDF によって作成される．従来の Web がドキュメント間のハイパーリンクであったのに対して，リンクトデータは，もの，抽象物や機能のすべてを対象にそれらの関係性をリンクできる．もちろん既存 Web のハイパーリンクはそのまま残り，その拡張の上でデータの意味的なリンクが実現される．そのために，RDF は URI によってものや抽象物をグローバルに名づけて，RDF トリプルはドキュメントだけでなく広く事物をリンクする．

ティム・バーナーズ＝リーは，リンクトデータに関する基本原則†をつぎのように言及している．

1. 事物の名前に URI を用いる．
2. HTTP プロトコルで URI へアクセスして参照できる．
3. URI へアクセスしたとき，RDF や SPARQL などの標準技術を使って有益な情報を得ることができる．
4. 他の URI へのリンクを含むことで，さらに他の事物を発見できる．

URL を一般化した URI で事物（リソース）を表現することは，セマンティック Web の実現に必須である．URI はインターネット上の場所を示す URL の役割をもちながら，事物のグローバルな名前でもある．それゆえに，URI が HTTP スキームで書かれたとき，インターネットを介して URI が示す Web サーバへアクセスして対象の情報を参照できることが望まれる．さらに，RDF Schema 語彙やその他の共通語彙で書かれたオントロジーがあれば，SPARQL の検索や推論を用いて詳細な問合せの答えを取得できる．また，リンクトデータと呼ぶように，他の事物へのリンクがあれば意味的な関係性が構築され新たな情報の発見に役立つ．RDF トリプルでは，URI で示した主語と目的語の関係性が述語 URI で明示される．

5.2　リンクトデータの実現

リンクトデータを普及させるためには，不特定多数の人々や組織が実際にデー

† https://www.w3.org/DesignIssues/LinkedData.html

タを作成して公開しなければならない．データ公開を推奨するために，リンクトデータを以下の条件で五段階に格づけしている．

★ データ形式は自由，Web で入手できオープンライセンスである．
★★ 構造化されたデータにより機械可読であり，表をスキャンした画像データではない（例えば，エクセルファイル）．
★★★ エクセルなどの独自データ形式でない（例えば，CSV ファイル）．
★★★★ 上記の 3 条件に加え，W3C 標準規約（RDF や SPARQL）を用いて事物を表現し，その結果，皆がそれを指し示すことができる．
★★★★★ 上記の 4 条件に加え，自分のデータから他人のデータへのリンクをもつことができる．

これらは，星が多いほどデータ公開の難易度が高くなる．リンクトデータは，最低条件としてオープンライセンスで Web 公開される．Web 上でデータ空間を構築するには，Web がドキュメント間で実現していたことを機械可読なデータ間で実現しなければならない．したがって Web 公開しても，表データなどを画像でスキャンしたものでは機械可読な構造化データとはいえない．また，特定アプリケーションのデータ形式は内容の解読が難しいので，テキストベースのデータ形式が望まれる．さらにセマンティック Web を実現するためには，他人が作成したデータへの意味的リンクが必要となる．

5.2.1 URI による名前づけ

事物に名前を付けるとき，URI の使い方に注意が必要である．まず，事物（もの，事象，情報や抽象物など）は Web コンテンツとしての情報リソースと現実世界の実体リソースに分けられる．すでに Web には HTML 文書による情報リソースが大量にあり，URI（ホスト名，パス名やファイル名など）がリソースの場所と名前を一意に示す．したがって，電子文書の情報リソースを Web サーバに置けば HTTP プロトコルでそれにアクセスして参照できる．例えば，以下は東京都と東京大学が公開する公式 Web ページの URI である．

http://www.metro.tokyo.jp/

http://www.u-tokyo.ac.jp/index_j.html

前者はホスト名で，後者はホスト名とHTMLファイル名で表されている．これらは東京都と東京大学に関する情報リソースのURIであり，都と大学の実体リソースを指すURIではない．

一方，現実世界の実体リソースにURIを付ける場合は話が少し複雑になる．人，車や学校などのリソースは物理的実体そのものだから電子文書化できない．そのためグローバルな名前をURIで付けても，リソースの場所を示すわけではない．しかしWebは情報共有空間なので名前だけ存在しても無意味で，実体リソースに関するWebコンテンツ（HTML文書）やメタデータ（RDF）が想定される．そのとき，実体リソースには3種類のURIが考えられる．

1. 実体リソースのURI
2. 実体リソースに関するHTML文書のURI
3. 実体リソースに関するメタデータのURI

例えば，DBpediaでは東京都リソースに上記に対応する3種類のURIが以下のように付けられている．

http://dbpedia.org/resource/Tokyo

http://dbpedia.org/page/Tokyo

http://dbpedia.org/data/Tokyo

一つ目のURIは，dbpedia.orgの下でパス名resourceにより東京都リソースの実体を一意に示す．二つ目のURIはパス名pageでDBpediaの東京都に関するWebページの場所を指す．三つ目のURIは，パス名dataでRDF文書で書かれた東京都リソースのメタデータを示す．

以上では3種類のURIをパス名で区別したが，ファイル識別子で区別する方法もある．例えば，ニューヨークタイムズのリンクトデータは，以下によりソニー株式会社の組織リソースについてURIを割り当てている．

http://data.nytimes.com/N72292539724367400602

http://data.nytimes.com/N72292539724367400602.html

http://data.nytimes.com/N72292539724367400602.rdf

一つ目の URI は，ニューヨークタイムズドメインでソニーを一意に示す．二つ目の URI はニューヨークタイムズのリンクトデータを表示する `html` のファイル識別子をもち，ソニーに関する Web ページの場所を指す．三つ目の URI は，`rdf` のファイル識別子によりソニーに関する RDF 文書の場所と名前を示す．

5.2.2　RDF によるリンクトデータの作成

前節の方法で，事物の実体リソースとともにそれに関する情報リソースにも URI が付けられる．これらの URI を用いてリンクトデータを作成するために，対象となるリソースの RDF 文書を記述していく．

実際に RDF 文書を作成するとき，URI の名づけに新たな問題が生じる．DBpedia やニューヨークタイムズでは，実体リソースに URI を付けてさらにその実体ごとに独立した情報リソースを作成している．言い換えると，各実体リソースに対応する HTML 文書と RDF 文書があった．しかし実体ごとに情報リソースを作成するのは，小規模リンクトデータに向かない．なぜならば小規模リンクトデータでは，複数の実体リソースに対して一つにまとめた RDF 文書が作成されるからである．

図 5.1 は，N–Triples 形式で作成された二つの RDF 文書を表す．RDF 文書 (a) は，`http://hostname1` にある Web サーバに `docname1.rdf` のファイル

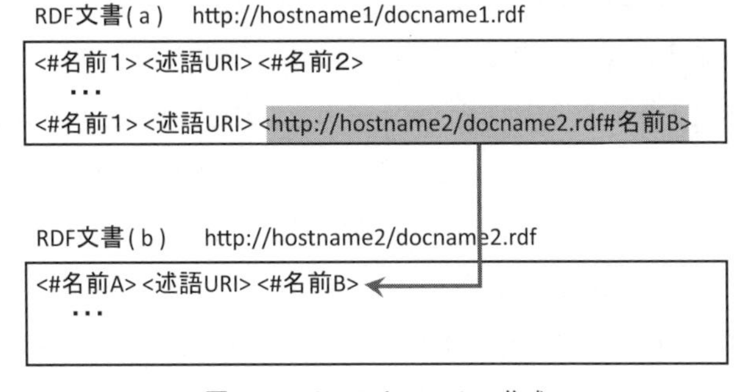

図 5.1　リンクトデータの作成

を置いており，そのURIは`http://hostname1/docname1.rdf`となる．このとき，一つのRDF文書に導入される複数の実体リソースは，RDF文書のURIにハッシュを付けて以下のように表現できる．

`http://ホスト名/パス名/RDF文書ファイル名.rdf#名前`

ハッシュ後の名前で区別すれば，RDF文書内で使われるリソースを柔軟にいくつでも追加できるようになる．

これにより，RDF文書でさまざまなリソースを導入してそれらの関係性が記述できる．図5.1では，各RDF文書内で複数のリソースが名づけられている．RDF文書(a)の1行目は，文書内で閉じた`#名前1`と`#名前2`のリソース間関係を述語URIで宣言する．これらのローカル名をハッシュ付きでURIとしてグローバルなWeb空間で参照すれば，四つ目のリンクトデータ基本原則を実現する．例えば，`#名前1`のURIは他サイトのRDF文書ではURIの`http://hostname1/docname1.rdf#名前1`で表す．RDF文書(a)と(b)は異なるサイトのメタデータであり，文書(a)には文書(b)内のリソースを指す`http://hostname2/docname2.rdf#名前B`へのリンクがある．このように実体リソースにURIが割り当てられグローバルにリンクすれば，HTTPプロトコルでそのリソースを含むRDF文書へアクセスできる．

5.2.3 URIへのアクセス

一つ目の基本原則を実現するために，HTTPプロトコルにより対象のURIへアクセスする方法を説明する．先述したように実体リソースは情報リソースと違って電子文書化できないので，関連情報をURIから参照できるようにしたい．このとき，二つのアクセス方法が考えられ，一つは303 URIといい，もう一つはハッシュURIという．これは前節で実体リソースのURIにパスやハッシュを用いたやり方に関係する．

〔1〕303 URI　事物を示すURIへアクセスしたとき，Webサーバがその実体の代わりに関連情報を送信する．この方法では，Web文書を参照するよう別のURIを提示する．具体的には，クライアントにHTTPステータスコー

ド 303 See Other とともに事物を説明する Web ページ URI を返信する．

例えば，東京リソースを示す http://dbpedia.org/resource/Tokyo へのアクセスを見ていく．まず，以下のようにクライアントが HTTP プロトコルにより URI の示す Web サーバへ HTTP リクエストを送信する．

```
GET /resource/Tokyo HTTP/1.1
Host: dbpedia.org
Accept: text/html
```

この GET メソッドは，/resource/Tokyo から text/html タイプのデータ送信を要求する．これに対しサーバは，以下の HTTP レスポンスメッセージをクライアント側へ返送する．

```
HTTP/1.1 303 See Other
Location: http://dbpedia.org/page/Tokyo
```

これは，ステータスコード 303 を返してリダイレクトを要求している．その際，リダイレクト先の http://dbpedia.org/page/Tokyo を示す．

レスポンスメッセージでリダイレクトが示されると，クライアント側からは http://dbpedia.org/page/Tokyo へ以下の HTTP リクエストを送信する．

```
GET /page/Tokyo HTTP/1.1
Host: dbpedia.org
Accept: text/html
```

この GET メソッドによって，/page/Tokyo から text/html タイプのデータ送信を要求する．これに対しサーバは，以下の HTTP レスポンスメッセージをクライアント側へ返して通信が正常に終了する．

```
HTTP/1.1 200 OK
Content-Type: text/html; charset=UTF-8
```

この結果，クライアント側は送信された HTML ファイルを事物の関連情報としてブラウザで表示できる．

HTML 文書の他に，事物を定義する RDF 文書のメタデータがある．事物に関する RDF 文書へアクセスするためには，GET メソッドの text/html タイプを以下のように書き換える．

```
Accept: text/n3
```

ただし，DBpediaでは古いMIMEタイプの`text/rdf+n3`を使用しないとエラーとなる．このとき，リダイレクト先は以下のN3形式のRDFデータである．

```
Location: http://dbpedia.org/data/Tokyo.n3
```

MIMEタイプを`application/rdf+xml`，`application/json`に指定すれば，XML/RDF形式やJSON形式で入手できる．DBpediaでは，東京リソースのメタデータを代表するURIが`http://dbpedia.org/data/Tokyo`であり，そこへ直接アクセスするとデフォルトでXML/RDF形式となる．もしくは，ファイル識別子（例えば，`Tokyo.json`）によってシリアライズを指定できる．

このように，事物とそのRDF文書にそれぞれ異なるURIがあり，実体リソースと情報リソースの違いを適切に処理できる．その上で，事物のURIへアクセスしてWebページやRDFデータのURIから関連情報を得られる．DBpediaのような数百万を超えるリソース数が存在するとき，この方法でそれぞれのRDF文書を用意できる．すなわち，リソースごとにダイレクト先を決められるので，それに応じてRDF文書を分割できる．リンクトデータの規模が大きいほど関連情報も巨大になるので，メタデータを分散できれば効率的である．

しかし本手法の問題は，リダイレクトによって合計2回のHTTPリクエストが必要な点である．この問題は，次節で述べるハッシュURIで解決する．

〔2〕ハッシュURI　　ハッシュ記号で事物のURIが識別される（ハッシュURI）ときに，303 URIとは別に1回のHTTPリクエストで事物の関連情報を得る方法がある．ハッシュURIは，基本部分とハッシュ部分（#名前）で構成される．HTTPプロトコルでハッシュURIにアクセスするとき，クライアント側でハッシュ部分を取り除いてサーバへHTTPリクエストを送信する．これはブラウザがURIのフラグメントを省く機能をうまく利用している．この結果，事物を区別する多様な名前づけを可能にしながら，HTTPリクエスト先を一つに集約できる．このとき事物のURIへアクセスすると，複数のハッシュURIを含む一つのRDF文書を受信できる．

ハッシュ URI では各リソースにそれぞれの情報リソースは存在せず，複数リソースのグループに対して一つの Web ページや RDF データにまとめられる．例えば，一つの FOAF 文書には複数の人物リソースが導入される．また，FOAF や RDF などの共通語彙を定義する RDF 文書には複数の語彙リソースが導入される．その他に，会社の部署やメンバに URI を付けるときも，それらをまとめた RDF 文書が小さければハッシュ URI のほうがつくりやすい．

実際に，`rdf:type` や `rdf:Property` などの複数の RDF 語彙は，W3C において以下のハッシュ URI により名づけられている．

```
http://www.w3.org/1999/02/22-rdf-syntax-ns#type
http://www.w3.org/1999/02/22-rdf-syntax-ns#Property
```

いずれも基本部分は `http://www.w3.org/1999/02/22-rdf-syntax-ns` となり，それが RDF 語彙を定義するオントロジーの URI である．

実際に，ハッシュ URI へアクセスする過程を説明する．ハッシュ URI の `rdf:type` へアクセスするとき，クライアントが以下のようにハッシュ部分を取り除いてサーバへ HTTP リクエストを送信する．

```
GET /1999/02/22-rdf-syntax-ns HTTP/1.1
Host: www.w3.org
Accept: text/turtle
```

URI の基本部分が同じ `rdf:Propert` でも，ハッシュ部分の違いを吸収して同じ送信になる．この GET メソッドは，`/1999/02/22-rdf-syntax-ns` から `text/turtle` タイプのデータ送信を要求する．これに対しサーバは，以下の HTTP レスポンスメッセージをクライアント側へ返信して正常に終了する．

```
HTTP/1.1 200 OK
Content-Type: text/turtle; charset=UTF-8
```

クライアント側は，語彙を定義する Turtle 形式の RDF データを受信する．その他に，MIME タイプを `application/rdf+xml` と変更すれば，XML/RDF 形式で入手できる．

このように，ハッシュ URI は複数リソースを代表する RDF 文書を受信できる．したがって，目的のリソースとは関係ない情報や記述もRDF文書に含まれるかもしれない．RDF語彙や小規模なグループのURIなどの千個以内のリソース数ならば，一つにまとめたRDF文書が適している．ただしURIの基本部分が同じリソースはすべて同一に扱うので，303 URIよりは柔軟性に欠ける．しかし，代わりにHTTPリクエストの回数を減少できる利点がある．また，RDFaなどのHTML文書に埋め込まれたURIに関しても，303 URIとの相性が悪いためハッシュURIが使われる．

5.2.4 リンクされたデータ

四つ目のリンクトデータ基本原則を実現するには，他サイトURIへのリンクによって他の事物リソースを発見できるよう促す．リンクトデータは，データの意味や構造などすべてがURIと別のURI（またはリテラル）のリンク関係から構成される．したがって，リンクといっても単一ではなくさまざまなものがある．リンクトデータで記述されるリンクの種類を異なる視点で以下のように分類する．

1. 事物/文書リンク
2. 内部/外部リンク
3. 属性/関係性/同一性リンク
4. 意味定義リンク

これらの特徴を同時に二つ以上もつリンクも考えられる．まず，Webページ間のハイパーリンクに加えて，事物と事物，事物とそれに関連する文書をつなげるリンクがある．また，HTMLと同様に同じデータセット内で導入されたURI間の内部リンクと，他データセットのURIとつながる外部リンクが考えられる．グローバルなURIでつながるので名前としては外部も内部も同じだが，外部リンクへのSPARQL検索では別のWebサーバへアクセスが必要となる．さらに，ある事物の属性リンク，二つの事物の関係性リンクとは別に，同じ事物が異なるURIで表されたときに同一性を示すリンクがある．最後に，用途に応じて多くの共通語彙を用いて，事物や概念を意味づけする意味定義リンクがある．

このようなリンクの多様性は，セマンティック Web を実現する上で大きなインパクトを与える．**図 5.2** は，リンクトデータがセマンティック Web を構成する様子を模式的に示す．従来の Web は，左側の枠内のようにハイパーリンクで Web 文書をつないでインターネット上に巨大なドキュメント空間を構成する．そうした従来の Web を保持しつつ拡張するのが，外側の枠で示したセマンティック Web である．リンクトデータはドキュメント間の関係だけでなく，上記で示した事物/文書，属性/関係性/同一性および語彙の関係をリンクする．さらにリンクの意味は，プロパティ語彙により定義された関係性で明示され，さまざまな種類のリンクが機械可読な Web データ空間を実現する．

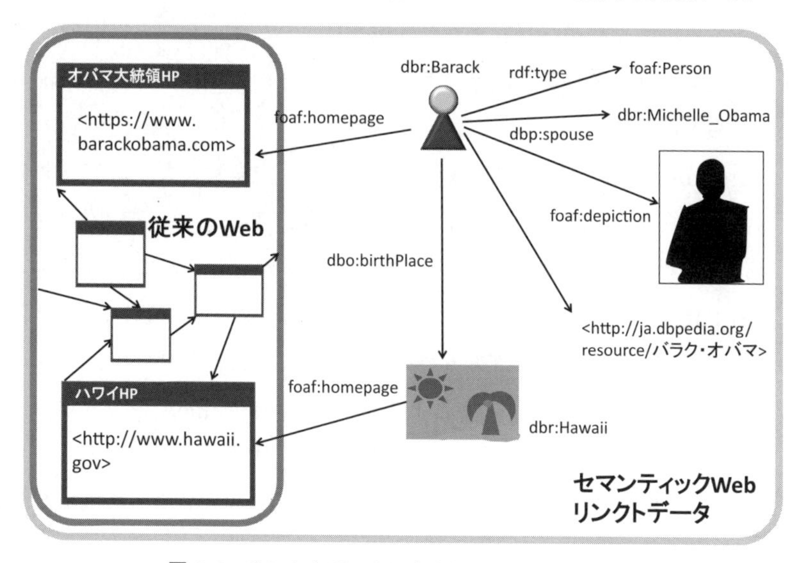

図 5.2　リンクトデータによるセマンティック Web

〔1〕 **事物間のリンク**　HTML のハイパーリンクは，グローバルアドレス（URL）によって HTTP でアクセス可能な世界中の Web ページをつないでいる．リンクトデータは，リンクの対象をドキュメントから事物へ拡張する．すなわち，URI ですべての事物を表現できるようになり，人，組織，サービス，商品など実在するあらゆるリソースをリンクできる．

RDF トリプルは，URI で表した主語と目的語を述語でつなぐリンク構造である．例えば，以下はオバマ大統領（編集時，トランプ新大統領にかわりました）に関するリンクトデータであり，図 5.2 のグラフ構造で示されている．

```
dbr:Barack_Obama dbo:birthPlace dbr:Hawaii ;
foaf:homepage <https://www.barackobama.com> ;
dbp:spouse dbr:Barack_Mixhelle_Obama .
```

1 行目は人物と場所の二つの事物間のリンクであり，オバマ大統領とハワイが生まれた場所の関係で結ばれている．これは DBpedia の内部リンクであり，ある事物の属性リンクでもある．2 行目はオバマ大統領とホームページとのリンクであり，事物と関連文書とのリンクである．これにより，オバマ大統領から別の関連する場所や文書へリンクされ，例えば，ハワイからさらに別の事物へと新たな発見を促している．3 行目は，ミッシェル・オバマがオバマ大統領の配偶者であることを示す．

〔 **2** 〕 **sameAs リンク**　　Web の世界では不特定多数の人々がデータを作成することから，同じ事物が異なる URI で名づけられることは避けられない．例えば，一人の人物を示す URI を作成しても，誰かがどこかで別の目的で同一人物の URI を作成するかもしれない．すべてのリソースの既存 URI を調べるのには限界があり，それをコントロールもできない．代わりに，作成された複数の URI が同一リソースであることを明示するのが sameAs リンクである．これにより，同一リソースなのに URI が違うために別人だと誤認識することを防ぐ．さらに，他データセットが違う URI で記述した同一リソースを含んでも sameAs リンクが意味的にデータ統合する．

例えば，以下は複数の URI が同じオバマ大統領のリソースを示している．

```
dbr:Barack_Obama owl:sameAs nyt:47452218948077706853,
<http://ja.dbpedia.org/resource/バラク・オバマ> .
```

DBpedia の URI である `dbr:Barack_Obama` は，`owl:sameAs` プロパティによりニューヨークタイムズの URI と DBpediaJapanese の URI に対して sameAs リンク関係をもつ．すなわち，DBpedia とニューヨークタイムズの異なるデータセットでオバマ大統領の URI が作成されている．加えて，DBpedia の英語版と日本語版でも違うURIが存在する．

Webではつねに新しいデータが作成され，同時にリソースのURIも増加している．それに対応すべく，膨大なURIのsameAsリンクを管理する検索サイトにsameAs.orgがある．このサイトでURIを入力すると，同じリソースを指すURIリストが出力される．例えば，`http://dbpedia.org/resource/Toyota`（DBpediaで作成されたトヨタ自動車のURI）で検索すると以下のURIリストが表示される．

```
http://www.bbc.co.uk/things/a963d677...f-e81c8cf74c3d#id
https://www.wikidata.org/wiki/Q53268
http://yago-knowledge.org/resource/Toyota
```

これらはいずれもトヨタ自動車を示しており，それぞれBBC, Wikidata, YAGOで定義されたURIである．

〔**3**〕 **意味定義リンク**　オントロジーの共通語彙を使ってメタデータを記述することで，リソースを意味的に定義できる．これは事物からクラスや概念などへの意味定義リンクである．事物間のリンクがインスタンス間の関係性であったのに対して，意味定義リンクは事物に対してオントロジーに基づく上位下位のクラスを定義する．したがって，内部や外部のサイトにある語彙リソース（クラスやプロパティ）を用いて，事物リソースを定義する．

具体的には，`rdf:type`や`rdfs:subClassOf`などを使って，インスタンスリソースが属すクラスやクラスリソースの上位クラスを明示してそのリソースがなんであるかが解読できる．例えば，`dbr:Barack_Obama`は単なるURIなのでコンピュータはその意味を理解できないが，以下のように`foaf:Person`のクラス語彙を用いれば人間リソースであることがわかる．

```
dbr:Barack_Obama rdf:type foaf:Person .
```

この意味定義リンクは，インスタンスリソースが属すクラスを与えている．

さらに語彙リソースを他の共通語彙を使って意味的に定義するとき，外部の語彙リソースへのリンクを使用する．例えば，FOAF語彙の仕様は，以下のようにRDFデータにより宣言されている．この中でFOAF語彙を内部の語彙だけでなく，外部の語彙を使って語彙間のリンクを形成している．

```
foaf:Person rdf:type owl:Class ;
owl:equivalentClass schema:Person ;
rdfs:subClassOf foaf:Agent .
foaf:Agent owl:disjointWith foaf:Document .
foaf:Document rdf:type owl:Class ;
owl:equivalentClass schema:CreativeWork .
```

3, 4 行目では，共に FOAF のクラス語彙を用いて foaf:Person が foaf:Agent のサブクラスであり，foaf:Agent が foaf:Document の排他クラスであることを示す．一方，1，5 行目は，foaf:Person と foaf:Document が外部の OWL 語彙 owl:Class に属すので，両リソースがクラスであることがわかる．2，6 行目は，FOAF 語彙が外部の Schema.org 語彙との間で owl:equivalentClass が成り立つことを示す．これはクラス間の同値関係を示す．これらの意味定義リンクは，クラスリソースに対して集合的関係を与えている．

〔4〕 リンクにおけるインスタンスとクラス　上記で述べた事物間のリンク，sameAs リンク，意味定義リンクを理解する上で，リンクを構成するインスタンスとクラスの違いを説明する．まず，インスタンスは個体などの実体であり，クラスは同じ性質をもつ実体の集まりである．「人間」はすべての人を意味するクラスだが，オバマ大統領は人間クラスのインスタンスである．

事物間のリンクと sameAs リンクは，主にインスタンスを示す URI 間のリンクといえる．個々のインスタンスの間に関係性が付けられているのが事物間のリンクである．また，sameAs リンクは，二つの URI が同じインスタンスの名前であることを意味する．それに対して，意味定義リンクでは主にクラスを用いたリンクである．あるインスタンスが属すクラスを定義するリンク，二つのクラス間にある集合的な関係性を定義するリンクなどがある．

インスタンスとクラスの区別に対して，混合しやすい二つの同値関係プロパティの owl:equivalentClass と owl:sameAs を説明する．前者は，意味定義リンクであり二つのクラスの URI 間に限定して成り立つ．後者は，sameAs リンクであり URI に制限はない．`owl:sameAs` は，「名前（URI）が違うが，参照先のインスタンス（実体）は同じである」という意味である．それに対して `owl:equivalentClass` は，「二つのクラスに対するインスタンスの集まりが同じである」という意味だが，必ずしも同一インスタンス集合を示すために別名が存在するわけではない．金持ちクラスが高級住宅街住民クラスと同じインスタンスの集まりであるかもしれないが，これらは同一クラスの別名ではない．論理的には，`C1 owl:equivalentClass C2 .` が成り立てば `C1 rdfs:subClassOf C2 .` と `C2 rdfs:subClassOf C1 .` の両サブクラス関係が成り立つ．

以上の説明から，同一クラスを参照する別名に `owl:sameAs` を使うことも誤りではない．しかしこれらの同値関係プロパティの使用は間違えやすいので，DBpedia などでは，インスタンス間の同一性は `owl:sameAs` を使い，クラス間の同一性は `owl:equivalentClass` を使って運用されている．先に説明した sameAs.org では，事物の URI に対する sameAs リンクだけでなく，クラスやプロパティのような語彙に対して広義に同一な URI（`owl:equivalentClass` など）も出力している．例えば，`foaf:Person` は「人間」を意味するクラス語彙であるが，こうした語彙でさえも同じ意味の語彙が他スキーマで重複して定義される．`http://xmlns.com/foaf/0.1/Person` で検索すると，以下の URI リストが出力される．

```
http://dbpedia.org/ontology/Person
http://schema.org/Person
```

これらは DBpedia と Schema.org で導入されており，いずれも「人間」を意味するクラス語彙の URI である．

5.3 LOD プロジェクト

LOD（linking open data）プロジェクトは，リンクトデータ基本原則に基づいて Web 上で入手できるオープンライセンスの構造化データを拡大していく．その結果，さまざまな分野の機械可読なデータがたがいに外部リンクでつながって，知識の連鎖を実現する．**図 5.3** は，リンクトデータとして公開された多くのデータセットのネットワークを図示したLOD クラウド図である．各ノードは一つのデータセットを示し，クリックすればリンクトデータのサイトへアクセスできる．

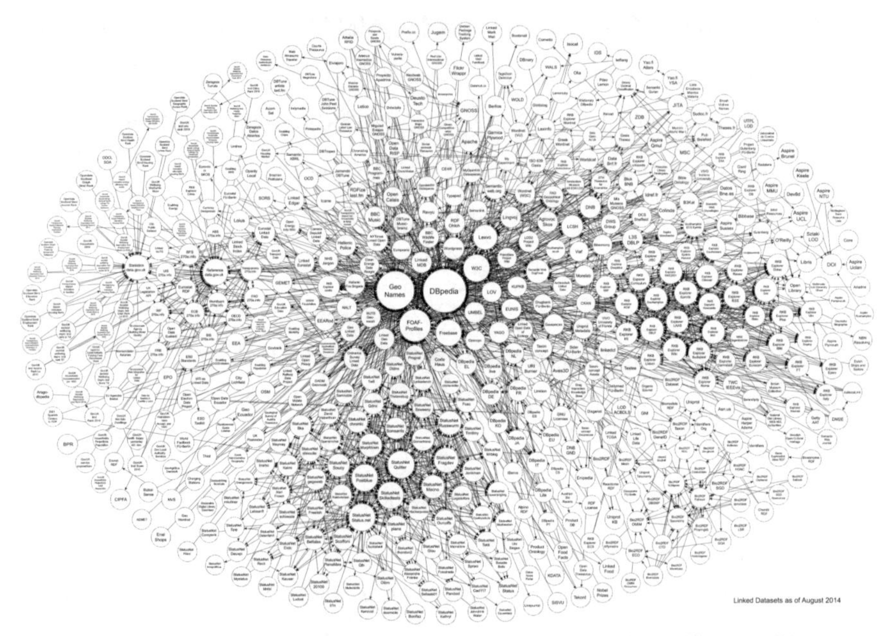

Linking Open Data cloud diagram 2014, by Max Schmachtenberg, Christian Bizer, Anja Jentzsch and Richard Cyganiak. http://lod-cloud.net/

図 5.3　LOD クラウド図

LOD クラウド図にあるように，すでに非常に多くのリンクトデータが公開されており，DBpedia もそのうちの一つのデータセットである．リンクトデータには，さまざまな分野のデータがあり以下のように列挙できる．

1. 百科事典・クロスドメインデータ
2. マスメディアデータ
3. 地理データ
4. 医療・生命科学データ
5. 政府・公共データ

6. オントロジーデータ
7. 商品・サービスデータ
8. 図書館・博物館データ

以上の分類のように，リンクトデータは用途や目的，分野，作成団体，商業性などに応じて作成されている．従来の Web と同じように，Web コンテンツが充実している分野や利用価値が高い情報でデータの構築が盛んである．

次項以降では，上記の分類に基づいてリンクトデータの実例を説明する．リンクトデータは，RDF トリプルで書かれているので三つ組構造の解読は簡単である．しかし前節で説明したようにリンクの意味，機能や役割はいくらかあり，多くの語彙と複数トリプルの組合せを駆使している．それに加え，データ作成方法が人手や自動で異なりデータの分野も多様なために，データセットごとにリンクトデータの（RDF 記述による）設計に個性がある．最初に述べる DBpedia がリンクトデータの代表であり，それを手本に他のリンクトデータを見れば理解の助けになるだろう．

5.3.1 百科事典・クロスドメインデータ

データの対象分野を一つに絞らず，百科事典のように広い分野をまたがって作成されたクロスドメインのリンクトデータがある．このようなデータは，複数の異分野データセットを網羅して相互につなげる役割をもつことから，ハブデータとも呼ばれる．

〔1〕 **DBpedia**　　Wikipedia は，不特定多数の人々がつくり出した大規模な百科事典であり，幅広い分野の人，物，組織，事実，ニュース，概念などの説明が Web ページ上で公開されている．DBpedia プロジェクト†は，人が読める Wikipedia を機械可読なリンクトデータへ変換する活動である．特に，Wikipedia の Infobox に含まれる構造化データを RDF データ形式へ自動的に変換している．これにより，Wikipedia の膨大な情報資産がリンクトデータ化される．その結果，これまでの Wikipedia 文書のテキストに対する文字列検索

† http://wiki.dbpedia.org/

を超えて，膨大な Wikipedia のリソースを記述した RDF データへのクエリ検索や自動処理が可能になる．

DBpedia は，LOD クラウド図の中心に置かれているようにリンクトデータの中で最も有名である．英語版だけでも，458 万個のリソースを表現し，約 144 万人の人物，約 73 万の場所，約 41 万の作品，約 24 万組織，約 25 万動植物種，約 6 千の病気を分類している．すべての 125 言語を合わせると，2 千万個のリソースを超える規模である．

データ規模と内容の多様性により，DBpedia は LOD においてハブデータの役割を担っている．実際に，DBpedia の外部リンクは YAGO などに対して 1 億リンクを越える．したがって，リンクトデータの作成時に DBpedia 内の URI を使ってリンクして，それを経由してさらに別のリンクトデータへつながる．こうしたハブデータの URI を積極的に用いれば，自ずと LOD クラウドのネットワークへの連携が強まる．

DBpedia のリンクトデータは，リソースごとに分割した RDF 文書と全リソースの記述を一つにまとめてダンプした RDF 文書の両方が用意されている．リソースごとの分割データは，303 URI でアクセスして各リソースの RDF 文書を入手してもよいし，各リソースの HTML 文書内に埋め込まれている RDFa 記述を解読してもよい．すなわち，全 RDF データダンプ，リソースごとの RDF 文書，リソースごとの HTML 文書における RDFa の埋込み，の 3 種類の方法でリンクトデータが公開されている．

Wikipedia は見出し語とその解説からなる百科事典であり，DBpedia にはその見出し語リソースに URI が名づけられている．これらのリソースを記述する RDF データが DBpedia である．例えば，Wikipedia には見出し語 `Toyota` とその解説ページ（`https://en.wikipedia.org/wiki/Toyota`）がある．この見出し語に対応する DBpedia の URI は，`dbr:Toyota` となる．このとき，名前空間接頭辞 `dbr` は，`http://dbpedia.org/resource/`を示す．

DBpedia では見出し語の解説ページの代わりに，各リソースの RDF データが用意されている．例えば，**図 5.4** はトヨタ自動車に関する RDF データの一

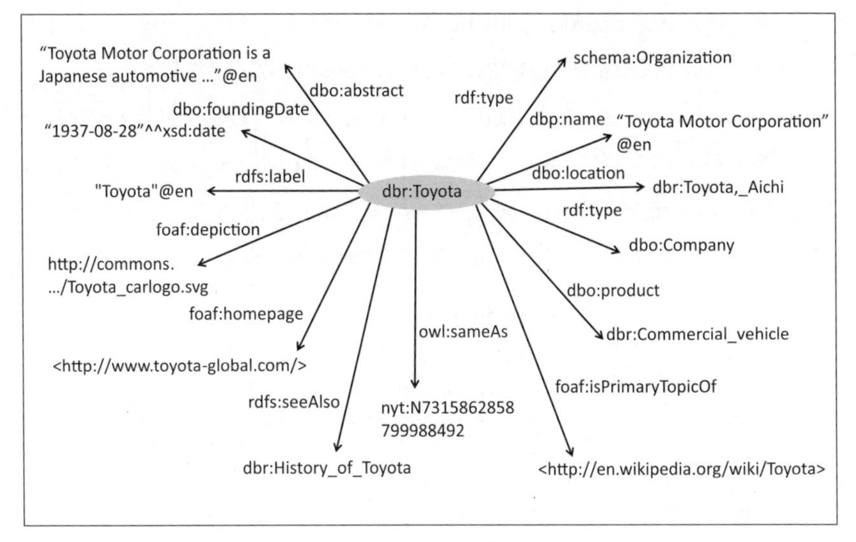

図 5.4 トヨタ自動車に関する DBpedia リンクトデータ

部をグラフ構造で示す．`dbr:Toyota` を主語とする RDF トリプルにより，リソースからのリンクが多数構築されている．

DBpedia は Infobox から自動抽出されていることから，DBpedia 特有の属性記述が見られる．まず，`rdfs:label` や `dbp:name` により，トヨタ自動車の英語文字列名が二つ与えられている．`dbo:label` や `rdfs:comment`（図内では省略）のリテラルには，人が読める言葉でリソースの説明が書いてある．従来の Web 文書や画像へのリンクとして，`foaf:homepage` は会社ホームページ，`foaf:isPrimaryTopicOf` は Wikipedia ページ，`foaf:depiction` は会社の関連画像を示している．

さらに，意味定義リンクによりリソースの特徴が定められる．`rdf:type` 語彙により，リソースが `schema:Organization` と `dbo:Company` のインスタンスであることを示す．すなわち，トヨタ自動車が組織クラスと会社クラスに属す．また，プロパティ `dbo:location` と `dbo:product` によって `dbr:Toyota,_Aichi` と `dbr:Commercial_vehicle` へぞれぞれリンクされている．したがって，トヨタ自動車の所在地が愛知県豊田市で商用車を製造していることがわかる．外部リンクには，owl:sameAs を用いて同一リソースを示すニューヨークタイムズのトヨタ自動車URI（nyt:N73158628587999884929）が参照される．

DBpedia では各リソースを RDF データで記述するために，クラスやプロパティの語彙が導入されている．このため，リソース記述のリンクトデータとは別に，DBpedia オントロジーのリンクトデータがある．リソースの URI と区別するために，**表 5.1** のように URI 内のパスが区別される．

表 5.1　DBpedia の名前空間接頭辞

接頭辞	名前空間 URI	データの種類
dbr	http://dbpedia.org/resource/	リソース
dbc	http://dbpedia.org/resource/Category:	カテゴリ概念
yago	http://dbpedia.org/class/yago/	YAGO クラス
dbo	http://dbpedia.org/ontology/	オントロジー
dbp	http://dbpedia.org/property/	プロパティ

名前空間 dbr では，各リソースの URI が名づけられている．名前空間 dbc では，以下のように Wikipedia で見出し語の分類索引に使われる Category: カテゴリ名を概念表現に用いる．

https://en.wikipedia.org/wiki/Category:カテゴリ名

名前空間 yago は，DBpedia のクラス語彙に使われる．これは Wikipedia カテゴリと WordNet から生成された YAGO 語彙に対応する．例えば，DBpedia 名前空間の yago:PrefecturesOfJapan は YAGO 名前空間の http://yago-knowledge.org/resource/wikicategory_Prefectures_of_Japan へリンクされて，二つの URI は owl:equivalentClass の同値関係をもつ．

dbo は Wikipedia の Infobox テンプレートに対応するクラス語彙に使われ，dbp は Infobox の属性名からつくられたプロパティ語彙に使われている．DBpedia オントロジーは，dbo のクラスとプロパティの語彙，および dbp のプロパティ語彙を導入して RDF データによってそれらの語彙の意味を定義する．一般的に，クラス語彙の頭文字は大文字（dbo:Person）でプロパティ語彙の頭文字は小文字（dbo:city）で表す．クラス語彙のオントロジーは，rdfs:subClassOf と owl:disjointWith によりクラス間のサブクラス関係と排他関係から構成される．プロパティ語彙のオントロジーは，rdfs:subPropertyOf のサブプロパティ関係と，rdfs:domain と rdfs:range によりプロパティの定義域と値域から構成される．

図 **5.5** は，DBpedia オントロジーで定義されたクラス語彙とそのサブクラス関係である．図上部の owl:Thing は，事物クラスを表す OWL 語彙の最上位クラスである．最上位クラスのサブクラスには，DBpedia オントロジーで導入された dbo:Place，dbo:Agent と owl:Event がある．これらのサブクラスにそれぞれ dbo:ArchitecturalStructure，dbo:Person，dbo:LifeCycleEvent がある．サブクラス関係に加えて owl:disjointWith により，dbo:Place と dbo:Agent，dbo:Person と owl:Event がそれぞれ排他的となる．この排他関係は，それらのサブクラスの間でも成り立つ．

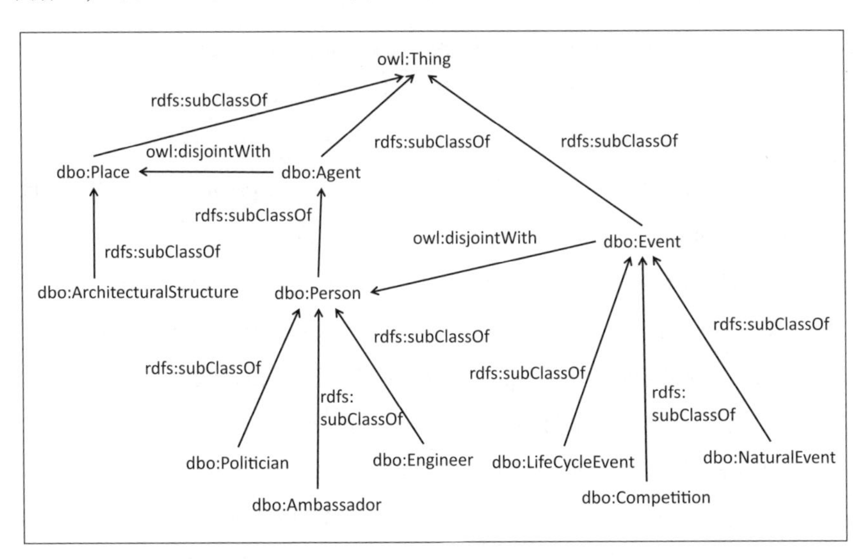

図 **5.5** DBpedia オントロジーのクラス階層

図 **5.6** は，DBpedia オントロジーで導入されたプロパティ語彙の定義である．各プロパティ語彙は，サブプロパティ関係により分類される．上位プロパティには，以下の OntologyDesignPatterns.org で導入された語彙がある．なお，このプロパティ語彙には名前空間接頭辞 dul を用いる．

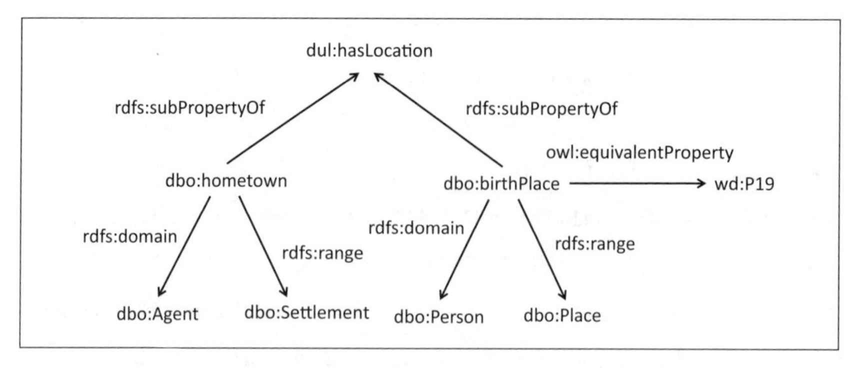

図 **5.6**　DBpedia オントロジーのプロパティ階層

http://www.ontologydesignpatterns.org/ont/dul/DUL.owl#プロパティ名

図で示すように，dbo:hometown と dbo:birthPlace は dul:hasLocation のサブプロパティとして定義される．dul 下で定義されたその他の上位プロパティ語彙には，dul:coparticipatesWith，dul:isAbout，dul:hasQuality，dul:hasPart などがある．このオントロジーにより，dbo:hometown の定義域と値域は dbo:Agent と dbo:Settlement により主体者クラスと定住地クラスとなる．同様に，dbo:birthPlace の定義域と値域は，dbo:Person と dbo:Place により人クラスと場所クラスとなる．図中では，owl:equivalentProperty により dbo:birthPlace と Wikidata のプロパティ語彙 wd:P19 の同値関係を示す．なお，名前空間接頭辞 wd は http://www.wikidata.org/entity/を表す．

〔2〕旧 **FreeBase**　　FreeBase† は，Google に買収された Metaweb Technologies 社が作成したオープンライセンスの巨大データベースである．その 10 億個を超える RDF トリプルからなるデータダンプが公開されている．データには，音楽，著名人，地名，ゲーム，本，スポーツなどさまざまな分野のリソースが記述されている．DBpedia の各リソースから同一リソースを示す FreeBase の URI へ owl:sameAs の外部リンクが張られている．このデータセットの今後に

† http://wiki.freebase.com/

ついては，2015 年に Wikidata への統合が発表された．FreeBase から Wikidata へのマッピングは，Wikidata 内のサイト[†1]で説明されている．

FreeBase では，トピックごとに MID（machine–generated ID）という機械的な識別子が付けられる．例えば，大リーガーのトニー（アンソニー・キース）・グウィンの MID は以下の URI で表される．

`http://www.freebase.com/m/01sk12`

この URI は `http://www.freebase.com/`の下で階層的に構成されており，`m/01sk12` が MID による識別子を意味する．

MID の他に構造的にデータを分類する語彙があり，つぎのように階層的に構成される．ドメイン名によりデータの対象分野を分けて，その下位階層にはドメインに関連するクラス[†2]が用意されている．

`http://www.freebase.com/ドメイン名/クラス名`

例えば，以下の URI はドメイン名 `people` によって人々を表す．

`http://www.freebase.com/people`

その他に，`music`，`books`，`media`，`sports` などの 50 以上のドメイン名がある．ドメイン名 `people` の下位階層には，個人を表すクラス名 `person` がある．

`http://www.freebase.com/people/person`

上述したトニー・グウィンの MID は，このクラスに属すインスタンスでもある．

さらにクラスの下位階層には，各クラスのインスタンスに使うプロパティが分類されている．

`http://www.freebase.com/ドメイン名/クラス名/プロパティ名`

例えば，クラス `person` の個人インスタンスに用いられる以下のプロパティ名 `parents` が両親を表す．

`http://www.freebase.com/people/person/parents`

これらのドメイン `people`，クラス `person`，プロパティ `parents` を識別する URI にもトピックと同様につぎの MID が割り振られる．

---

†1 https://www.wikidata.org/wiki/Wikidata:WikiProject_Freebase/Mapping
†2 FreeBase ではクラスをタイプと呼んでいるが，本書ではクラスという名称で統一する．

http://www.freebase.com/m/01z0kpp

http://www.freebase.com/m/04kr

http://www.freebase.com/m/01x3gb5

各トピックに関する情報は，複数のプロパティによって記述される．例えば，**図 5.7** はトニー・グウィンについて記述した RDF グラフである．図中では，名前空間接頭辞 `freebase` が `http://www.freebase.com/` を表す．ここでは名前空間表記のため `freebase` の下位階層をスラッシュでなくピリオドで表す．したがって，トニー・グウィンの MID による URI は `freebase:m.01sk12` となる．

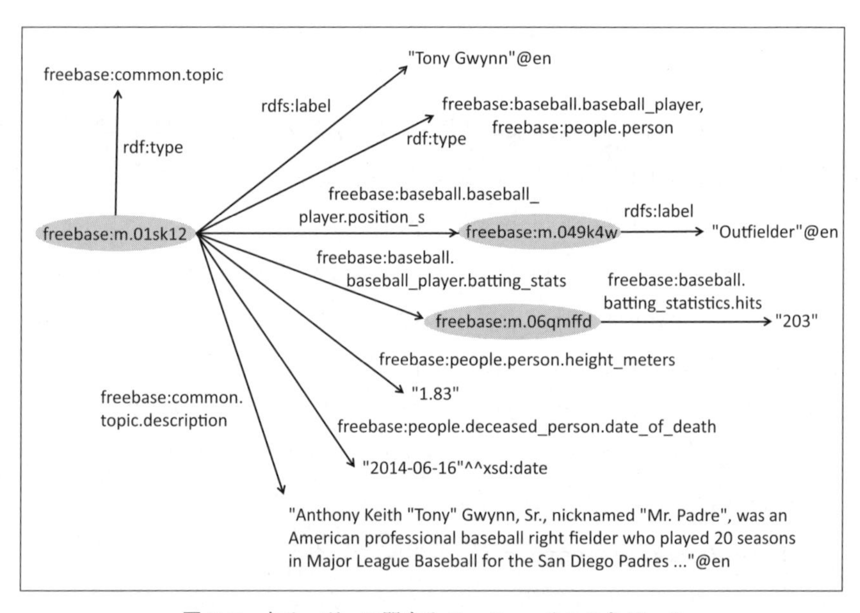

図 5.7　大リーガーに関する FreeBase リンクトデータ

トニー・グウィンの属性情報は，`freebase:m.01sk12` を起点にしたノードに付与される．まず `rdf:label` により，トピックの英語名が `Tony Gwynn` で示される．つぎにトピックのクラスが宣言される．`rdf:type` により，このトピックが三つのクラス `freebase:common.topic`，`freebase:baseball.baseball_player` と `freebase:people.person` に属す．一つ目は共通ドメイン内のトピッククラス，二つ目は野球ドメイン内の野球選手クラス，最後は人々ドメイン内の個人クラスを示す．図下部のプロパティ freebase:common.topic.description は，共通ドメイン内のトピックに対する英文の説明を示す．下から 2，3 番目のプロパティは共に人々ドメインの下位階層に位置し，person.height_meters は人の身長，deceased_person.date_of_death は故人の死亡日を表す．それにより，トニー・グウィンの身長は 1.83 メートル，死亡日は 2014 年 6 月 16 日と明記される．

図中央には，トニー・グウィンの MID（freebase:m.01sk12）に対して野球のポジションが外野手の MID（freebase:m049k4w）で示される．このとき，freebase:baseball.baseball_player.position_s プロパティは，野球ドメイン内の野球選手に対するポジションを意味する．さらに rdf:label により，外野手の MID（freebase:m049k4w）の文字列名が Outfielder（外野手）で記述される．同様に，その下のプロパティにより打撃成績の MID（freebase:m06qmffd）がリンクされ，ヒット数 203 が明示される．

〔3〕**Wikidata**　Wikidata† は，Wiki 環境において人手で作成される構造化データであり Wikipedia のデータ版といわれる．すなわち，Wikipedia と同じように，不特定の人や組織がおのおのに Web から入力して巨大なデータを構築する．Wikipedia が人の読める文章であったのに対して，Wikidata は機械可読な構造化データを作成する．

Wikipedia のデータ版というと DBpedia と混同しがちであるが，Wikidata と DBpedia はデータのつくり方が本質的に違う．DBpedia は，人が入力した Wikipedia の Infobox から自動抽出して構造化データを作成する．それに対して，Wikidata は不特定多数の人々が最初から手作業でデータを入力して作成することを主とする．初めから構造化データの人手作成を目的にしており，Wikipedia の Infobox よりも充実した機械可読データが期待される．また，FreeBase の大量データが Wikidata へ移行され非常に重要性が増している．

Wikidata では，リソースごとに Q から始まる識別子が付けられている．例

† https://www.wikidata.org/

えば，以下は宇宙（universe）を示す URI が `Q1` で表される．

`http://www.wikidata.org/entity/Q1`

以降では，`http://www.wikidata.org/entity/` を名前空間接頭辞 `wd` で表す．Q からの識別子はインスタンスやクラスを示し，プロパティには P からは始まる識別子が付けられる．例えば，以下はサブクラス関係を示す URI である．

`http://www.wikidata.org/entity/P279`

図 5.8 は，東日本大震災について記述した Wikidata である．`rdfs:label` により，`wd:Q36204` の英語名称 `2011 Tohoku earthquake and tsunami`（東日本大震災）を示す．図左上では `wdt:P31` がインスタンス関係を示すプロパティであり，東日本大震災は地震クラス（`wd:Q7944`）のインスタンスとなる．三つのプロパティ `wdt:P585`，`wdt:P625`，`wdt:P1120` は，それぞれ 2011 年 3 月 11 日発生，緯度 38° 経度 142°，死亡者数 15,893 人のデータがリテラルで示される．加えて，二つのプロパティ `wdt:P1542` と `wdt:P17` は，地震から生じるものと地震発生の国を `wd:Q171178` と `wd:Q17` の URI で表す．これらは，それぞれ福島原発事故と日本を意味する．図左下には，プロパティ `wdt:P646`

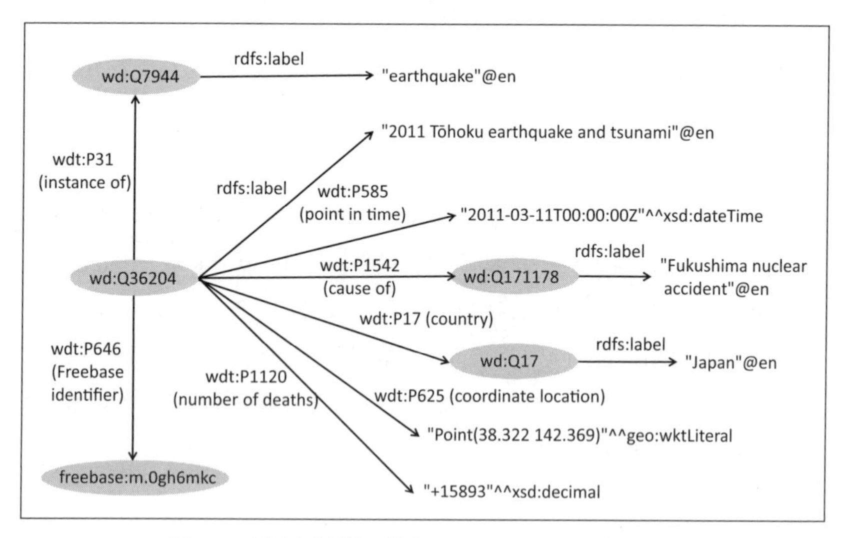

図 5.8　東日本大震災に関する Wikidata リンクトデータ

により，東日本大震災の同一リソースを示す FreeBase の MID が与えられる．

Wikidata には，2 通りのプロパティ記述方法が用意されている．図 5.8 で示した wd:Q36204 の記述では，つぎの名前空間接頭辞を用いて P から始まるプロパティを表す．

```
wdt: <http://www.wikidata.org/prop/direct/>
```

この名前空間は，単一の属性情報をもつプロパティに使われる．例えば，wdt を使うとき図 5.8 では以下の RDF トリプルのように東日本大震災の死亡者数を書いている．この方法は，直接的に属性を書くので単純でわかりやすい．

```
wd:Q36204 wdt:P1120 "+15893"^^xsd:decimal .
```

もう一つのプロパティ記述方法は言明（statement）の ID を URI で示して，その言明へ複数の属性情報を集約させる．例えば，上記と同じ内容の死亡者数を記述する．まず，属性情報の言明を示す URI は，つぎのように与えられる．

```
http://www.wikidata.org/entity/statement/Q36204-2...bd8
```

なお，名前空間接頭辞 wds は http://www.wikidata.org/entity/statement を表す．この言明を用いて，以下のように RDF トリプルを記述する．

```
wd:Q36204 p:P1120 wds:Q36204-2...bd8 .
```

この記述方法を区別するために，P から始まるプロパティ識別子（例えば，P1120）がつぎの名前空間下で導入される．すなわち，wdt:P1120 と p:P1120 が区別される．

```
p: <http://www.wikidata.org/prop/>
```

ゆえに wd:Q36204 の死亡者数（P1120）を示す言明 wds:Q36204-2...bd8 が宣言され，属性の詳細情報は以下の RDF トリプルで記述される．

```
wds:Q36204-2c7dd719-4d9e-f9ac-7bc6-4aa7466ecbd8
ps:P1120 "+15893"^^xsd:decimal ;
pq:P585 "2015-10-09T00:00:00Z"^^xsd:dateTime .
```

二つ目のプロパティ記述方法は，複雑だが大きな利便性をもたらす．上記例では，死亡者数（P1120）だけでなく，限定子（qualifier）としてこの言明が成り立つ時間（P585）を示す．すなわち，死者数は時間経過とともに情報が更新されるかもしれないので，2015 年 10 月 9 日時点で成り立つと限定している．ただし，言明のプロパティと限定子のプロパティを区別するために，つぎの名前空間接頭辞が用いられる．

```
ps: <http://www.wikidata.org/prop/statement/>
pq: <http://www.wikidata.org/prop/qualifier/>
```

5.3.2 地理データ

地名，場所，地図などの地理情報は，特定の分野に依存しないで多くの情報に付随する．例えば，人，組織や建物には所在地や連絡先があり，商品や作品には生産地や保管場所などがある．リンクトデータには，リソースに関する地理情報を集めた大規模データセットが構築されている．それにより，他のリンクトデータはオープンライセンスの地理データを再利用して，共通した地理情報を基に相互リンクされる．

〔1〕**GeoNames**　GeoNames[†]はオープンライセンスの地理データベースであり，世界の国々など 1 000 万以上の場所情報を含んでいる．九つの特徴クラスが 600 個以上のサブクラスに分類されており，それを用いて場所に関する 900 万以上の特徴が記述される．GeoNames のリソースは，他のリンクトデータからも参照され地理情報を軸に多くのデータをつなげている．

膨大な場所リソースの特徴を示すために，特徴クラスと特徴コードが用意されている．大分類の特徴クラスにより，A は国，州，地域など，H は川や湖，L は公園や地区，P は町や村，R は道路，S はスポット，ビルや工場，T は山や丘，U は海中や海底，V は森林などを示す．また，特徴コードは特徴クラスの細分類として 645 種類に分けられる．例えば，PPL は人が多い場所（populated place）を意味する特徴コードで，P の特徴クラスに属す．

すべての場所リソースには，GeoNames 固有の ID が付いている．この ID からリソース URI が名づけられ，例えば，日本の URI は g:1861060 となる．こ

---
† http://www.geonames.org/

のとき，名前空間接頭辞 g は http://sws.geonames.org/を表す．この場所リソースに，特徴クラスと特徴コードを付与して場所を特徴づける．また，場所リソースが位置する緯度経度や人が読める多言語の名称などが記述される．

例えば，**図 5.9** は成田国際空港について記述したリンクトデータである．まず，g:6300307 は成田国際空港を示し，gn:name により英語名称が与えられる．gn:featureClass と gn:featureCode は特徴クラスと特徴コードを意味するプロパティであり，gn:S がスポット，gn:S.AIRP が空港を示す．このとき，名前空間接頭辞 gn は http://sws.geonames.org/ontology#を表し，GeoNames のオントロジー語彙を意味する．加えて，gn:parentFeature により（上位的な）特徴が千葉県であり，gn:parentCountry により（上位的な）国が日本であることを示す．

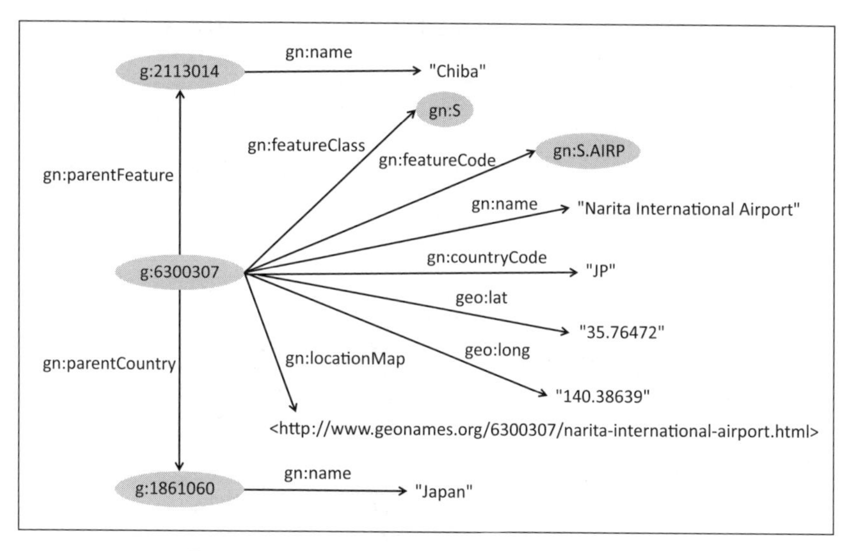

図 5.9 成田国際空港の GeoNames リンクトデータ

gn:countryCode は，GeoNames の国コードで日本を意味する JP を示す．さらに，geo:lat と geo:long により，空港の位置座標が緯度 35° 経度 140° となる．図右下の gn:locationMap は，空港を中心とした地図（HTML 文書）へのリンクを示す．このとき，接頭辞 geo は W3C の地理に関する名前空間 URI の `http://www.w3.org/2003/01/geo/wgs84_pos#`を示す．

〔2〕**LinkedGeoData**　LinkedGeoData† は，OpenStreetMap プロジェクトにより集められた空間情報をリンクトデータ化したものである．OpenStreetMap は，世界規模のオープンライセンス地図データである．GPS 履歴や航空写真などの生データを用いて構築され，建物や道路情報などの地理的情報を含む地図を実現する．さらに，Wiki のようにコミュニティが編集して地図データを成長させている．LinkedGeoData は OpenStreetMap を RDF データへ変換し，300 億以上のエンティティ（300 億の地理的対象と 3 億の道路，通り，鉄道，高速道路など）を含んでおり 200 億トリプルにもなる．

まず，LinkedGeoData のオントロジーには地理に関するクラスとプロパティの語彙が定義されている．例えば，**図 5.10** はクラス語彙を `rdfs:subClassOf` 関係で結んだオントロジーの一部である．図中では，アメニティクラスのサブクラスにショップ，ホテル，レストラン，オフィス，クリニック，公共施設がある．ショップのサブクラスには本屋，アウトドア店，赤ちゃん用品店があり，オフィスのサブクラスには政府オフィス，弁護士事務所，会社オフィスがある．図中では，オン

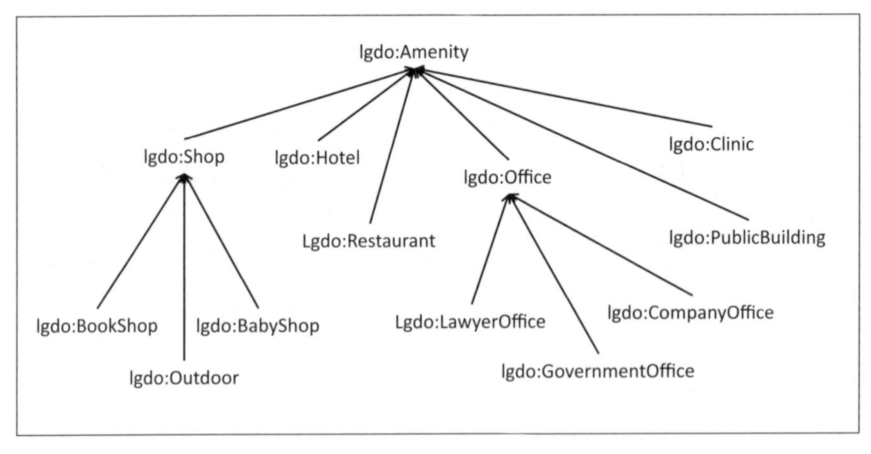

図 **5.10**　LinkedGeoData のオントロジー

† http://linkedgeodata.org/

トロジーの名前空間接頭辞 lgdo が http://linkedgeodata.org/ontology/ を表す．

LinkedGeoData のエンティティには，地理的対象と道路・鉄道がある．それぞれに node と way から始まる ID が付けられる．例えば，lgdr:node251055431 は国会議事堂を表す．このとき，http://linkedgeodata.org/triplify/ を名前空間接頭辞 lgdr で表す．以下の RDF トリプルは，国会議事堂に関する LinkedGeoData である．

```
lgdr:node251055431 a lgdo:Amenity, lgdo:PublicBuilding ;
                   rdfs:label "国会議事堂"@ja ;
                   geo:lat "35.676" ;
                   geo:long "139.746" .
```

オントロジー語彙の lgdo:Amenity と lgdo:PublicBuilding を使って，エンティティがアメニティクラスと公共施設クラスに属すことを示す．加えて，国会議事堂が緯度 35° 経度 139° に位置する．

LinkedGeoData では，その他にホテルの情報ならば格づけ（星数），連絡先，禁煙などの情報が書かれていたり，ショップの情報ならば開店時間，Web ページ URL，商品ブランドなどが記述されていたりする．

また，以下の鉄道エンティテイは東海道新幹線を表している．

```
lgdr:way70609819 a lgdo:Rail, lgdo:RailwayThing ;
                 rdfs:label "東海道新幹線"@ja ;
                 lgdo:maxspeed "270"^^xsd:int ;
                 lgdo:operator "東海旅客鉄道" .
```

このとき，lgdo:Rail と lgdo:RailwayThing によりエンティティが鉄道クラスと鉄道物クラスに属すことを示す．また，lgdo:maxspeed と lgdo:operator は LinkedGeoData のプロパティ語彙であり，最高時速 270km で東海旅客鉄道により運行されていることがわかる．

5.3.3 マスメディアデータ

マスメディアにはテレビ，ラジオ，新聞などがあり，大量の情報を不特定多数のユーザに発信している．その番組には音楽，ニュース，スポーツなどのコンテンツがあり，それらはWebコンテンツの対象分野とかなり重複する．そのため一部のマスメディアでは，情報リソースをRDFで記述してリンクトデータを作成している．

〔1〕 **BBC** 　BBC（British Broadcasting Corporation）は，テレビ番組のコンテンツに関係する事物に関してリンクトデータを公開している．特に，ニュース，音楽，スポーツ，政治，料理，野生動物などのトピックが充実している．これらのメタデータを記述するために，以下の種類からなるオントロジーが構築されている．

- 基本概念オントロジー
- ドメインオントロジー
- 番組関連オントロジー

基本概念オントロジーはコア概念オントロジーを含み，人，場所，イベント，組織などの基本的な概念を定義する．ドメインオントロジーは，スポーツ，野生動物，英国カリキュラム（教育），食料，政治，ジャーナリズムに対する六つのオントロジーを含む．また，番組関連オントロジーには，データの出典，BBCの商品，ビジネスニュース，コンテンツ管理システム，ニュースのストーリーラインに対する五つのオントロジーがある．

例えば，図 **5.11** はコア概念オントロジーの一部である．`core:Thing` は最上位クラスであり，外部リンクで `owl:Thing` のサブクラスとして宣言される．`core:Thing` は，BBCのリンクトデータに関連する五つのサブクラス `core:Theme`, `core:Organisation`, `core:Person`, `core:Place`, `core:Event` をもつ．これらのクラスを使って事物の意味が与えられる．このオントロジー内では，その他にプロパティ語彙の導入とそれらの定義域と値域を `rdfs:domain` と `rdfs:range` で定義している．例えば，`core:occupation`（職業を意味するプロパティ）の定義域が人クラスで値域が主題クラスである．このプロパティ

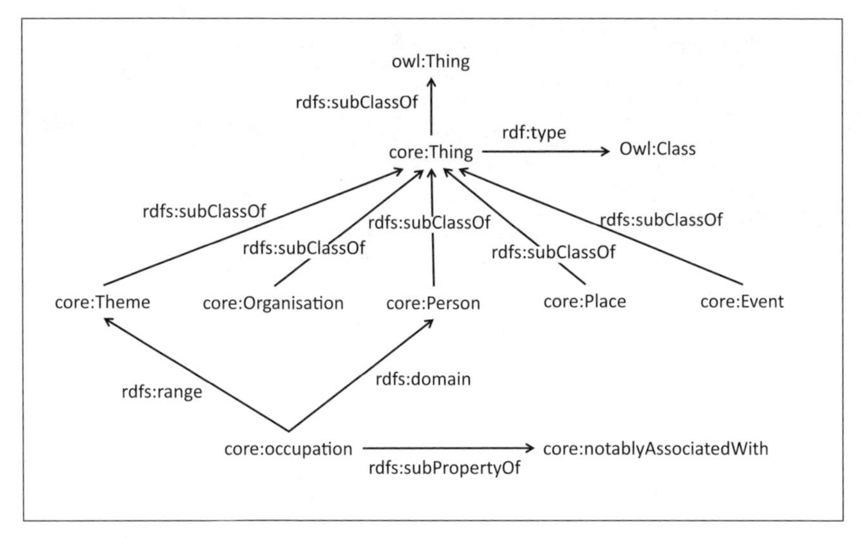

図 **5.11** BBC のコア概念オントロジー

は，`core:notablyAssociatedWith` のサブプロパティとなる．

BBC Things サービス（`http://www.bbc.co.uk/things/`）を利用すると，事物に関するリンクトデータを検索できる．検索結果は，HTML 文書の表示，および Turtle 形式と JSON–LD 形式の RDF データにより得られる．例えば，**図 5.12** はロンドンに関する RDF グラフである．図中では，以下がロンドンの URI を示し，リソースを特徴づけるクラスや属性が記述されている．

`bbc:235a251e-f6e8-445c-b802-8253d34f6509#id`

このとき，名前空間接頭辞 `bbc` は `http://www.bbc.co.uk/things/`を示す．この図では，`rdf:type` によりリソースが属すクラスが複数宣言されている．ロンドンはクラス `core:Place` のインスタンスであり，GeoNames の URI である `http://sws.geonames.org/2643743/`も同じリソースを指す．三つの名前空間接頭辞 `core`，`nsl`，`cms` は，それぞれ BBC リンクトデータ用に定義されたコア概念，ニュースのストーリーライン，コンテンツ管理システムのオントロジー語彙を示す．

さらに，`geo:lat` と `geo:long` は緯度と経度を意味するプロパティ語彙であ

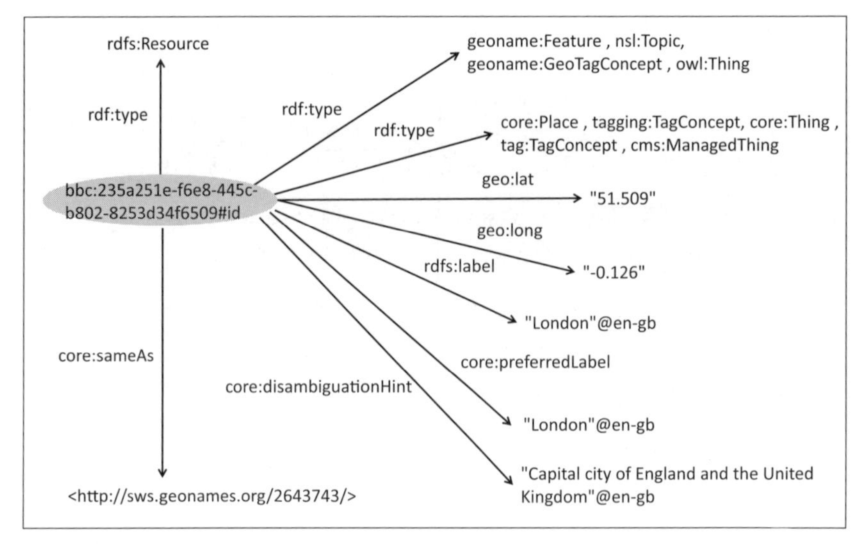

図 **5.12**　BBC のロンドンに関するリンクトデータ

り，ロンドンの位置を緯度 51.509° 経度 −0.126° で示す．また，コア概念オントロジーのプロパティ `core:disambiguationHint` を使って「イギリスの首都」という説明が英語で書かれている．

〔2〕**New York Times**　New York Times は，100 年以上管理してきたニュース情報をリンクトデータとして 2009 年から公開している．特に 1 万個以上の件名項目に関して，機械可読な RDF データ（RDF/XML 形式と JSON 形式）と人が読める HTML 文書の両方で情報を入手できる．リンクトデータ内には，独自に導入した語彙とともに SKOS 語彙と DC 語彙が用いられている．また，DBpedia や FreeBase のリンクトデータに対して，同一リソース間で `owl:sameAs` による外部リンクが相互に張られる．

1 万個の件名項目内訳は，約 5 000 の人物，約 1 400 の組織，約 1 900 の場所，約 500 の主題記述子からなる．これらはそれぞれ `nyte:nytd_per`，`nyte:nytd_org`，`nyte:nytd_geo`，`nyte:nytd_des` のスキーマ名が付いている．このとき，名前空間接頭辞 `nyte` は `http://data.nytimes.com/elements/` を示す．この名前空間の下で，New York Times 固有のプロパティ語彙が導入されている．例えば，プロパティ語彙の nyte:associated_article_count は関連する New York Times 記事の数を示す．

それぞれの件名項目には ID が振られており，例えば，つぎのように大リーガーのイチロー選手は nyt:55617617995429215333 の URI で表される．

```
nyt:55617617995429215333 skos:inScheme nyte:nytd_per .
```

プロパティ skos:inScheme により，イチロー選手は人物に関するスキーマ nyte:nytd_per に属す．このとき，名前空間 http://data.nytimes.com/ を接頭辞 nyt で示す．

図 5.13 は，2011 年にアメリカで発生した 9.11 テロ事件に関するリンクトデータである．まず，nyt:53365542995334479250 が事件の URI であり，図右上の nyte:associated_article_count により関連記事数が 200 と記されている．さらに nyte:topicPage により，9.11 テロ事件に関するトピック記事の Web ページが参照される．nyte:number_of_variants の値はこの事件が他の件名項目で参照された回数が 1 回であることを意味する．

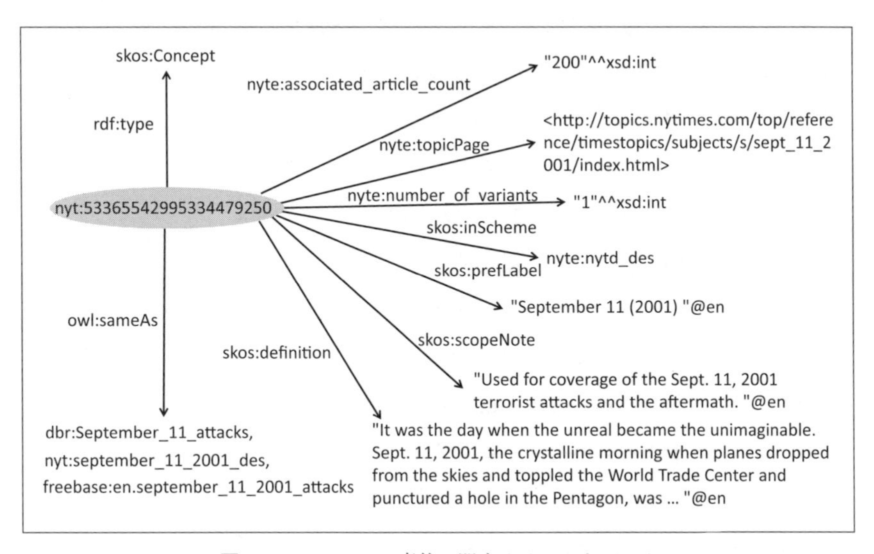

図 5.13　9.11 テロ事件に関するリンクトデータ

SKOS 語彙を用いて，9.11 テロ事件が skos:Concept のインスタンスであり，skos:inScheme により主題記述子のスキーマ nyte:nytd_des に属することを示す．skos:prefLabel は，この件名題目を人が読める英語で記述した優先ラベルである．skos:scopeNote と skos:definition は，それぞれリソースに関するメモと詳細な説明を英文で記述する．図左下には，owl:sameAs により nyt:53365542995334479250 が DBpedia と FreeBase の URI，New York Times 内の別名 URI が同一リソースであることを示す．

5.3.4 公共・政府データ

政府機関は，Web により国や地方が管理している国内の統計情報などを公開している．しかしながら，これまでのデータ公開はエクセルや PDF のアプリケーション依存の形式が多かった．そこで近年，検索・再利用しやすいリンクトデータによって公共データを配付するようになっている．

〔1〕 イギリス　イギリスでは data.gov.uk† のサイトにおいて，積極的に政府・公共の情報がリンクトデータとして公開されている．特に，イギリス国内のさまざまな情報がつぎの名前空間下でリンクトデータとして入手できる．SPARQL 検索エンジンによるエンドポイントがそれぞれの Web サイトに用意されており，データをクエリ検索できる．

environment.data.gov.uk　環境問題
finance.data.gov.uk　金融関連
legislation.data.gov.uk　法律情報
location.data.gov.uk　地理情報
data.ordnancesurvey.co.uk　陸地測量
reference.data.gov.uk　政府情報
statistics.data.gov.uk　統計情報
transport.data.gov.uk　交通インフラ
companieshouse.data.gov.uk　企業情報

† https://data.gov.uk/

landregistry.data.gov.uk　土地登記

これらのデータは，たがいの情報を相互に参照して構築されている．例えば，環境問題データは，他の名前空間に分類された政府情報や地理情報などを参照する．

以上のリンクトデータの中で，一つ目の環境問題について説明する．環境機関 (Environment Agency) は海岸や島で収集した水質データを提供しており，海水浴などの安全性を図るのに役立つ．**図 5.14** は，水質調査のデータ観測地点を記述した RDF グラフである．図上部の長い URI は，環境問題に関するリソースである．この環境問題リソースは，`rdf:type` により `qb:Observation`（観測クラス）と `bwq:ComplianceAssessment`（コンプライアンス査定クラス）のインスタンスとなる．このとき，名前空間 `http://purl.org/linked-data/cube#` と `http://environment.data.gov.uk/def/bathing-water-quality/` は

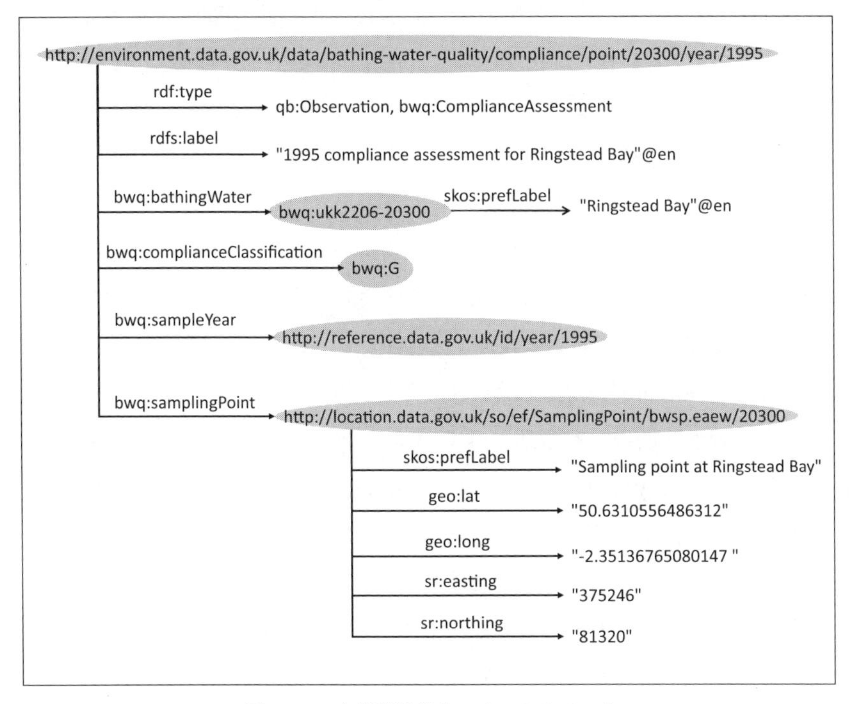

図 5.14　水質観測地点のリンクトデータ

それぞれ接頭辞 qb と bwq で示す．さらに，rdfs:label により 1995 年リングステッドベイのコンプライアンス査定であることを意味する．

その下には，data.gov.uk 内の他リソースを用いて四つのプロパティを記述する．bwq:bathingWater は，海水浴場を意味し bwq:ukk2206-20300（リングステッドベイ）を指す．プロパティ bwq:complianceClassification と bwq:sampleYear は，分類コードの G と観測年の 2015 年を表す．最後の bwq:samplingPoint は観測点 URI を示し，そのプロパティには観測点の位置が国際的な緯度経度とイギリスの座標系で示される．名前空間接頭辞 sr は http://data.ordnancesurvey.co.uk/ontology/spatialrelations/ を示す．

〔2〕アメリカ　アメリカ政府機関の US General Services Administration は，国や地方の公共データを管理し data.gov† のサイトで公開している．そうしたオープンデータは，農業，地方政府，教育，ビジネス，気象，エネルギー，健康，工業などの広い分野で入手できる．例えば，犯罪，交通事故，がん患者数，地図データ，食料価格などの統計情報が多い．ユーザは，data.gov の Web ページから約 19 万のデータセットをダウンロードできる．データ形式はエクセル，CSV，JSON，XML，RDF などさまざまで，古いデータは HTML 文書であるが近年 CSV や RDF での公開も増えている．

例えば，**図 5.15** は 2001 年から最近までのシカゴで発生した犯罪のリンクトデータである．このデータは，シカゴ警察の報告システムから作成されている．ds:10365064 は事件を識別する ID であり，複数のプロパティ語彙により事件の属性情報が表現される．600 万近い事件について，住所，種類，説明や日付，緯度経度などが記述されている．このとき，名前空間接頭辞 ds は http://data.cityofchicago.org/resource/crimes を示す．

しかしながら，このデータは CSV 形式を単純に RDF 形式に変換しただけで，機械可読する上でメタデータ記述が洗練されていない．リンクトデータとして改善するには，標準的な共通語彙を用いたり data.gov.uk のようにプロパティやクラスの語彙を体系的に定義したりする必要がある．

---

† https://www.data.gov/

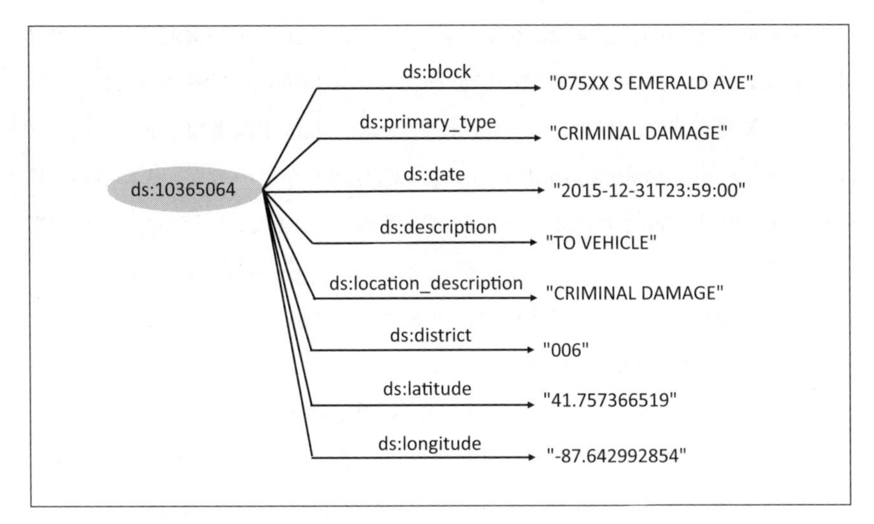

図 **5.15** シカゴの犯罪に関するリンクトデータ

5.3.5 図書館・博物館データ

古くから図書館では，書籍を検索・分類するデータベースやシソーラスが整備されている．そのような情報資産をリンクトデータへ変換して再利用する試みが盛んである．書籍や論文の電子化に伴いインターネットを通じて膨大な数の文献が入手できるようになり，分散された書誌情報を統合して検索できる利点は大きい．同様に，書物だけでなく博物館などに保管されている公共的な文化遺産に関するリンクトデータ化も進んでいる．

〔１〕**OpenLibrary**　OpenLibrary† は 300 万近い電子書籍の情報を登録した Web サイトであり，無料書籍や貸出し可能書籍などに分かれている．ユーザは，西暦 1000 年初期から現在までの電子書籍を検索して電子的に閲覧できる．ここで作成されたリンクトデータはオープンライセンスであり，ユーザが書籍情報を追加および編集できるコミュニティ参加型のサービスである．

〔２〕**BIBFRAME**　世界の図書館が管理する膨大な書誌情報を相互利用するために，アメリカ議会図書館は BIBFRAME（Bibliographic Framework

† https://openlibrary.org/

Initiative）[†1]という組織を2011年に立ち上げている．BIBFRAMEは，書誌情報をリンクトデータ化するためにデータモデルや共通語彙を規定している．BIBFRAMEのメンバには，Zepheira社，米国国立医学図書館，ドイツ国立図書館，OCLC（Online Computer Library Center）などがある．これらの図書館や組織は既存の書籍データベースを再構築し，文献情報をリンクトデータで公開している．

〔**3**〕　**DBLP**　　DBLPは，コンピュータ科学を中心とした学術論文（論文誌や国際会議など）の文献データベースである．膨大なデータには著者，タイトル，ページ数，出版年などが日々追加され，論文誌，国際会議，著者などのキーワードから特定の文献を検索できる．FacetedDBLPプロジェクト[†2]は，このDBLPデータをRDF形式へ変換してリンクトデータを公開している．

5.3.6　オントロジーデータ

DBpediaなどには，そのデータセットで導入された語彙を定義する小規模なオントロジーがある．一方，特定分野やデータセットに限定しないで，多くの概念や単語を定義した大規模オントロジーが構築されている．以下で述べるYAGOとOpenCycは，多くの概念や単語から構成された大規模オントロジーのリンクトデータである．

〔**1**〕　**YAGO**　　YAGO[†3]は，Wikipedia，WordNetやGeoNamesなどを中心に既存の情報リソースから構築した大規模知識ベースである．その規模は，人，組織や町などからなる1000万エンティティとそれらの関係表現が1.2億個以上にもなる．実際，YAGOはWikipediaのカテゴリとInfoboxにWordNetの概念階層を組み合わせて構築された．その後，時空間情報を強化するためにGeoNamesを組み合わせて，YAGO2が開発されている．さらに，YAGO3では多言語対応によってYAGO2を拡張している．

---

†1　https://www.loc.gov/bibframe/
†2　http://dblp.l3s.de/
†3　http://yago-knowledge.org

最新の YAGO3 には，Wikipedia カテゴリと WordNet から抽出した 35 万個を超えるクラスがある．例えば，**図 5.16** は `rdfs:subClassOf` 関係で構築された YAGO オントロジーの概念階層である．図上部には `owl:Thing` の最上位クラスがあり，そのサブクラスに WordNet から抽出された概念がある．`wordnet_person_100007846` は，WordNet で人間を示す概念を YAGO の URI で表す．図中では，名前空間 `http://yago-knowledge.org/resource/` を省略している．同じように，`owl:Thing` のサブクラスに WordNet の組織，建物，物理的エンティティ，抽象物，人工物などの概念がある．

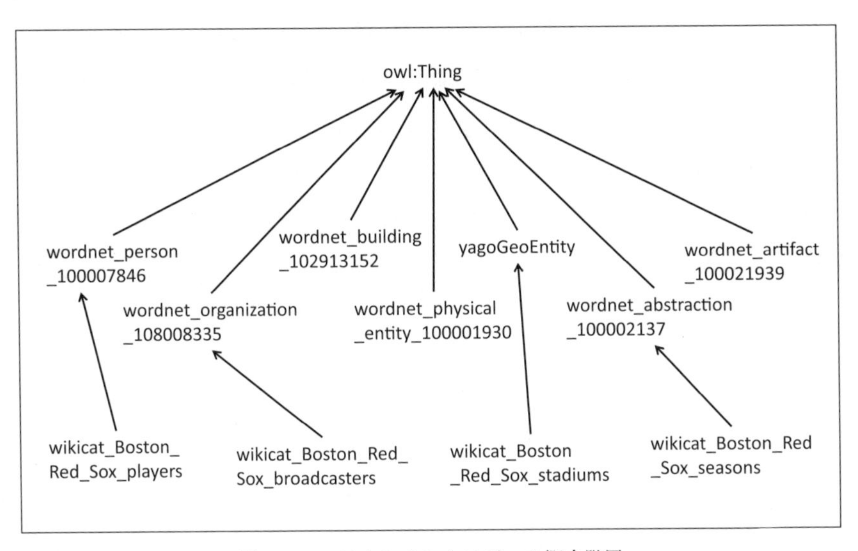

図 5.16 YAGO オントロジーの概念階層

さらに，WordNet 概念のサブクラスには Wikipedia カテゴリが関係づけられている．`wikicat_Boston_Red_Sox_players` はボストンレッドソックスの選手を示しており，`wordnet_person_100007846` のサブクラスである．また，`wikicat_Boston_Red_Sox_broadcasters` はレッドソックス放送局であり，組織を示す `wordnet_organization_108008335` のサブクラスである．加えて，レッドソックスのスタジアムとシーズンがそれぞれ空間エンティティと抽象概念のサブクラスであることがわかる．

〔2〕 **OpenCyc**　OpenCyc†は，広い分野の概念や語彙を含んだオープンソースの大規模知識ベースである．20万以上の語彙，200万以上のRDFトリプルからなり，万単位の人，組織，場所やビジネス関連のインスタンスを含んでいる．抽象的な概念から具体的な概念を定義した広範囲のオントロジーを構築しており，概念間の関係を`rdfs:subClassOf`と`owl:disjointWith`で定義する．また，`owl:sameAs`により，約7万の外部リンクがありDBpediaなどの他のリンクトデータとつながる．

OpenCycでは，オントロジーの上位に位置する抽象クラスから具体クラスまでをサブクラス関係で定義する．各クラスにはIDが付けられており，例えば，以下のようなRDFトリプルの主語は「時間的事物」を示すクラスである．

```
http://sw.cyc.com/concept/Mx4rvViAxJwpEbGdrcN5Y29ycA
rdf:label "thing that exists in time"@en .
```

このような上位クラスを定義するオントロジーを上位オントロジーという．図**5.17**は，抽象クラスによるサブクラス関係を定義したオントロジーの一部であ

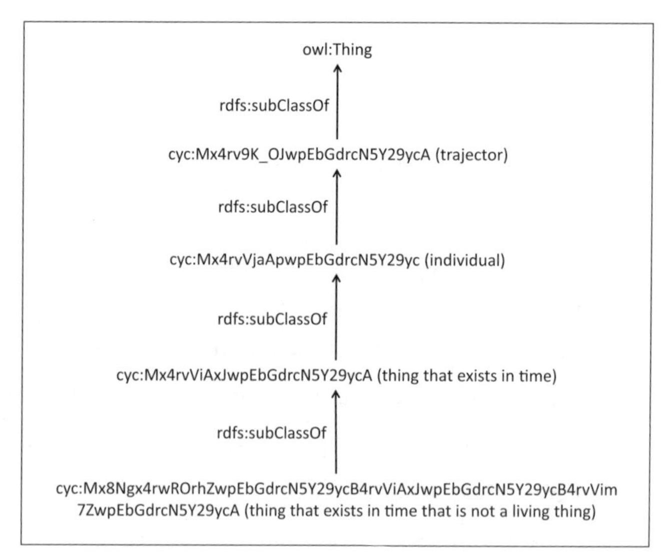

図**5.17**　OpenCycの上位オントロジー

† http://sw.opencyc.org/

る．上記の時間的事物に対するサブクラスに，時間的非生物（thing that exists in time that is not a living thing）が定義される．時間的事物の上位クラスは対象物（individual）であり，さらに上位クラスに軌跡生成器（trajector）がある．このオントロジーでは，`owl:Thing`を最上位クラスにもつ．

図 5.18 は，具体クラスを含む OpenCyc オントロジーの一部である．図中では，名前空間接頭辞 `cyc` が `http://sw.cyc.com/concept/`を示す．図の最上位に位置するクラスはメディア商品を表しており，そのサブクラスに映画がある．括弧内の `media product` と `movie` は，実際には `rdf:label` で明示された `cyc:Mx4rvXg6i5wpEbGdrcN5Y29ycA` と `cyc:Mx4rv973YpwpEbGdrcN5Y29ycA` の（人が読める）名称である．このメディア商品は，図 5.17 の時間的非生物のサブクラスに当たる．

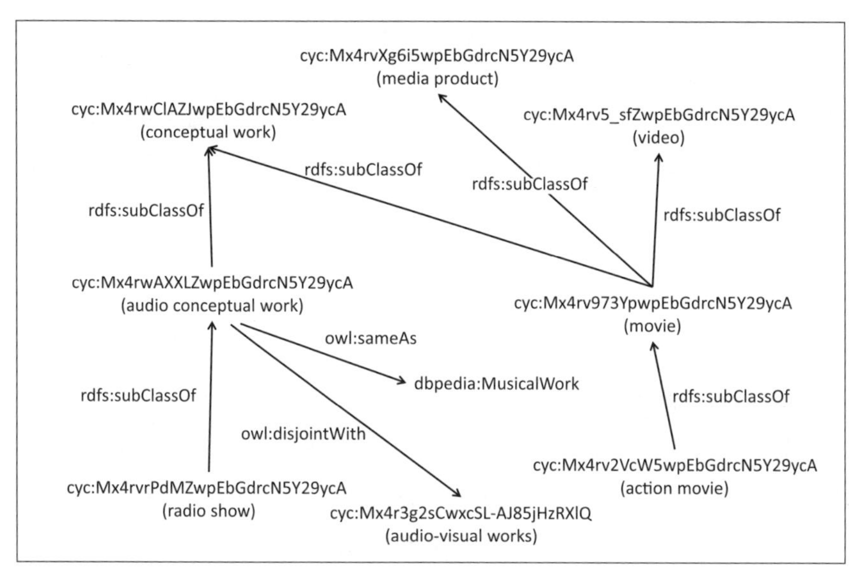

図 5.18 メディア商品を表す OpenCyc の一部

映画の上位クラスには概念作業（`conceptual work`）とビデオ（`video`）があり，サブクラスにはアクション映画（`action movie`）がある．一方，概念作業のサブクラスに音声概念作業（`audio conceptual work`）があり，そのサブクラスにラジオ番組（radio show）がある．owl:disjointWith により，音声概念作業は音響映像作業と排他関係をもち，DBpedia との外部リンク（owl:sameAs）により，dbr:MusicalWork と同一リソースを表す．

OpenCyc では，クラス以外にもプロパティが導入されており，OpenCyc のクラス語彙を用いてプロパティの定義域と値域がつぎのように定義されている．

```
cyc:Mx4r736pDKugEdmAAAAOpmP6tw
rdfs:range cyc:Mx4rvVjyK5wpEbGdrcN5Y29ycA ;
rdfs:domain cyc:Mx4rv973YpwpEbGdrcN5Y29ycA ;
rdfs:label "Movie User Rating"@en .
```

このプロパティは映画のユーザ格づけを意味しており，値域は正整数で定義域は映画クラスである．

〔3〕**WordNet**　　WordNet[†]は，大規模な語彙データベースであり，英語の名詞，動詞，形容詞や副詞などが同義語でグループ化されている．10 万を超える同義語集合（synset と呼ぶ）に対してそれぞれ意味的な関係づけがなされており，語彙の意味ネットワークを構築する．YAGO と OpenCyc と比べると，WordNet はオントロジーというより概念辞書であるので，特に言語学や自然言語処理の分野でよく利用される．

WordNet では，複数の同義語集合に ISA 関係のような上位・下位関係が構築され，抽象的・具体的語彙の関係性が定義されている．例えば，car（車）と automobile（自動車）は同じ同義語集合に属し，bus（バス）はその下位語になる．概念階層は名詞だけでなく動詞に対しても構築される．また，語彙にクラスとインスタンスの区別があり，固有名詞などのインスタンスは概念階層の最下位に位置づけられる．さらに，PART–OF 関係のような部分関係も定義されている．例えば，car（車）の部分には car seat（自動車用座席）などがある．

5.3.7　医療・生命科学データ

生物学，化学，医学などの生命科学分野では，世界中で研究データを共有す

† https://wordnet.princeton.edu/

る目的でリンクトデータの利用が盛んである．特に，科学論文とともに実験で得られた最新データを公開・共有する必要性が高く，リンクトデータの枠組みが適している．

〔1〕 **GO** GO (gene ontology)†は，データベースに遺伝子生産物の特性を記述するための概念を定義するオントロジーである．GO で導入された語彙を GO–term といい，遺伝子生産物を表す専門用語 (term) にアノテーションして用いられる．多くの研究者が GO–term を用いることで，多くの遺伝子データベースで語彙が統一される．これにより，世界中の研究者がアノテーションから相互に関連したデータを検索できるようになる．GO のオントロジーデータには，OBO (open biomedical ontologies) 形式と RDF/XML 形式が用意されている．OBO 形式の `is_a` 関係が，RDF/XML 形式では `rdfs:subClassOf` 関係で記述される．

GO は，バイオプロセス (biological process)，細胞構成要素 (cellular component)，分子機能 (molecular function) の三つの基本概念からなる．バイオプロセスは分子機能によるイベント列であり，細胞構成要素は細胞の部分である．さらに，分子機能は分子レベルの活動である．これらの基本概念はオントロジーの最上位に現れ，それを頂点に他の概念をサブクラスにもつ 3 種類のオントロジーを構成する．

つづいて，RDF データとして作成された GO の記述を説明する．まず，GO-term はつぎのように `GO` ＋番号で名づけられる．

`http://purl.obolibrary.org/obo/GO_0000001`

この URI は，ミトコンドリア遺伝 (mitochondrion inheritance) を示している．

図 5.19 は，ミトコンドリア遺伝に関する RDF データである．このとき，名前空間接頭辞 `obo` は `http://purl.obolibrary.org/obo/` を示す．図左の GO-term (`obo:GO_0000001`) はミトコンドリア遺伝を示し，`rdf:label` によりリソースの名称 `mitochondrion inheritance` が記述される．`rdfs:subClassOf` により，ミトコンドリア遺伝の上位クラスに `obo:GO_0048308` と `obo:GO_0048311`

† http://geneontology.org/

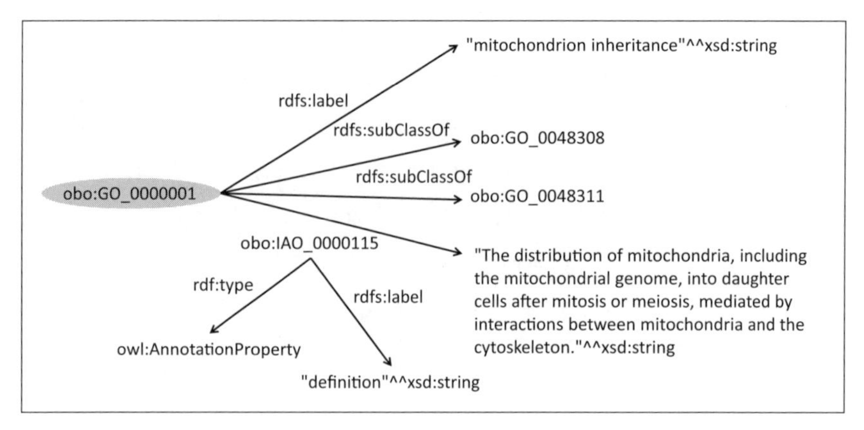

図 **5.19**　遺伝オントロジー GO の記述例

が定義される．これらの GO–term は，それぞれオルガネラ遺伝（organelle inheritance）とミトコンドリア分布（mitochondrion distribution）を意味する．また，`obo:IAO_0000115` は GO のアノテーションプロパティ語彙であり，`rdf:label` により「定義」を意味する．このプロパティの値には，ミトコンドリア遺伝の文章による定義が記述される．

GO 全体のオントロジーを構成する三つの基本概念は，以下の URI で表す．

バイオプロセス：`obo:GO_0008150`

細胞構成要素：`obo:GO_0005575`

分子機能：`obo:GO_0003674`

すべての詳細な概念（GO–term）は，上記の基本概念（GO–term）のサブクラスとして定義される．例えば，図 **5.20** はバイオプロセスのオントロジーを示した概念階層の一部である．図中のノードが GO–term であり，その下の括弧は `rdf:label` で記述された文字列名を示す．バイオプロセス (biological process) のサブクラスには，マルチ生体複製プロセス（multi–organism reproductive process)，複製（reproduction)，細胞致死（cell killing）がある．さらに，有性生殖（sexual reproduction）はマルチ生体複製プロセスと複製のサブクラスであるように，GO では一つのクラスに複数の上位クラスが定義されることも

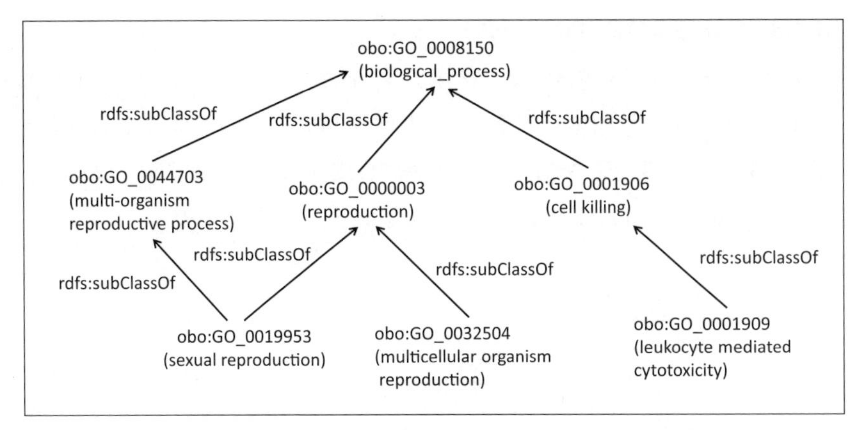

図 **5.20** バイオプロセスのオントロジー

ある．

〔**2**〕 **UniProt** UniProt (universal protein resource) [†1]は，タンパク質配列やタンパク質機能に関するデータを集めたリポジトリを提供する．このプロジェクトは，欧州バイオインフォマティクス研究所 (EMBL–EBI)，スイスバイオインフォマティクス研究所 (SIB)，PIR (Protein Information Resource) がそれぞれのタンパク質データベースをもち寄って共同で運営されている．

〔**3**〕 **DrugBank** DrugBank[†2]は，化学，薬理学，薬学などのデータに，創薬標的のタンパク質配列やタンパク質構造データを組み合わせたデータベースを提供する．このデータベースは，6 000 以上の試験薬を含む 8 000 エントリの薬データを含んでいる

〔**4**〕 **Bio2RDF** Bio2RDF[†3]は，セマンティック Web 技術を用いて生命科学のデータベース群をリンクトデータ化してたがいにつなげようという試みである．現在，35 個のデータベースが RDF データ形式に変換され，全体で約 100 億トリプルのデータ規模を誇る．

†1 http://www.uniprot.org/
†2 http://www.drugbank.ca/
†3 http://bio2rdf.org/

5.3.8 日本版 LOD プロジェクト

リンクトオープンデータイニシアティブは，日本のセマンティック Web 研究者を中心に設立された団体である．現在，日本語のリンクトデータを普及させる活動を行っている．図 5.21 は，日本語で作成されたリンクトデータのネットワークを図示した LOD クラウド図である．

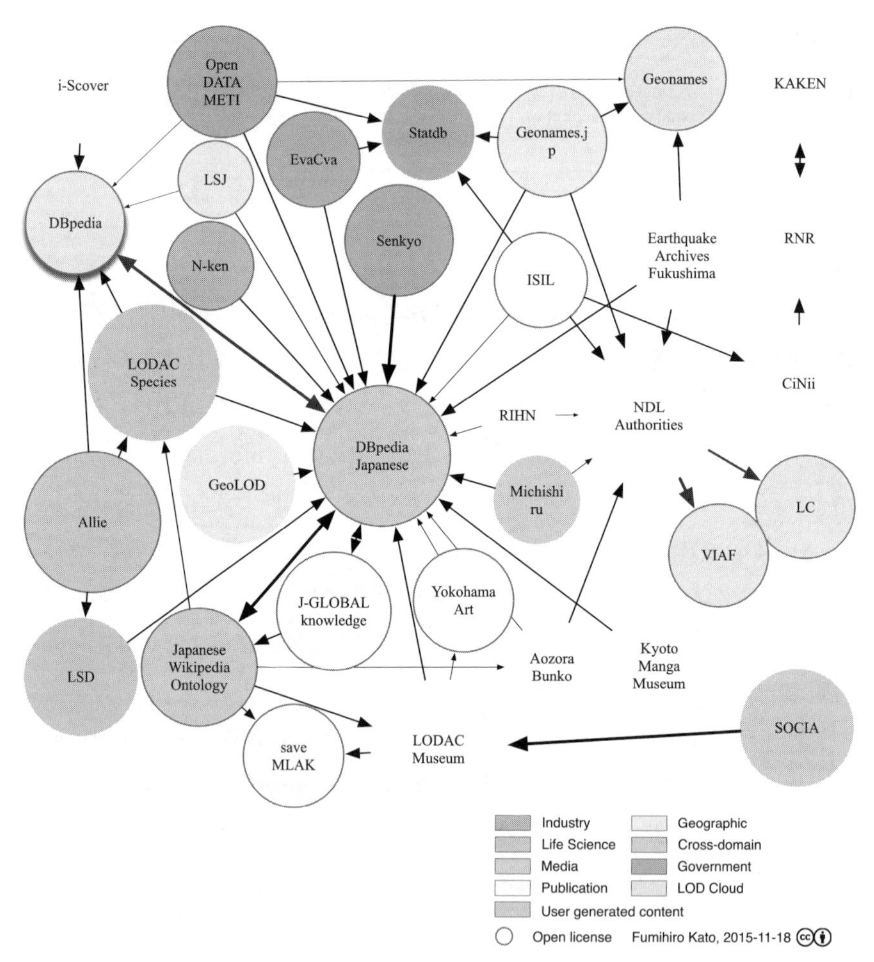

図 5.21　日本語版 LOD クラウド図（Fumihiro Kato：「オープンデータ最前線」, NII Today, Vol.71 より）

日本語版 LOD クラウド[†1]のデータセットは，主に日本で作成された日本語データであり少なくとも 1000 トリプルの規模で 10 以上の外部リンクを含まなければならない．各データセットは，それぞれが RDF で記述されたダンプデータもしくは SPARQL エンドポイントにより公開される．現在，日本語版 LOD には DBpediaJapanese を中心として，図書館，博物館，美術館の書籍や芸術品から政府，ライフサイエンス，地理などに関するリンクトデータがある．

欧米につづいて日本でも，data.go.jp サイトで政府・公共の情報のリンクトデータ化が進められている．公開されたデータは国民生活や企業活動に活用されることを目的としており，日本国内でもオープンデータの活用が期待される．data.go.jp の Web ページからは，政府機関から提供された 1 万 5 千以上のデータセットがダウンロードできる．公開データは HTML や PDF の文書から CSV データまでそろっているが，RDF データの公開はなされていない．

その他に，国会図書館では所蔵図書情報に関してリンクトデータ化を行い，NDL Authorities[†2]を公開している．RDF データの記述には，SKOS, FOAF, DC などの共通語彙が用いられており，機械可読な書籍情報が構築されている．それらのデータに対して，Web ページ上でのキーワード検索と SPARQL エンドポイントによるクエリ検索が可能である．また，表題項目に対して Wikipedia へのリンクが張られ，RDF データは RDF/XML，Turtle および JSON の形式が用意されている．このように NDL Authorities は，リンクトデータ基本原則の多くの条件を満たす．

[†1] http://linkedopendata.jp/
[†2] https://id.ndl.go.jp/auth/ndla

6 SPARQL

本章では，RDF データセットに問合せするための質問言語 SPARQL を説明する．関係データベースの質問言語に SQL があるように，RDF データに対して SPARQL[†]が用いられる．実際に，SPARQL はリンクトデータを検索するエンドポイントに使われる．

SPARQL のバージョンは，以下のようになっている．

SPARQL 1.0：初期バージョン

SPARQL 1.1：集約関数，サブクエリ，否定，プロパティパスによる拡張

W3C は，2008 年に初期バージョンとして SPARQL 1.0 の仕様を勧告している．その後，SPARQL 1.1 では数値データの集計などを計算する集約関数が導入されている．その他に，クエリ表現内にクエリを組み込むサブクエリ，検索条件における否定表現が記述できる．さらに，RDF グラフにおいて深さ 2 以上の連続するプロパティを検索する方法として，プロパティパスがある．

6.1 クエリ形式

SPARQL (SPARQL protocol and RDF query language) は，セマンティック Web データを記述する RDF グラフへの質問言語である．クエリ (query) とは，検索の条件などを記述する質問や問合せのことである．ユーザは，検索したい RDF データの条件をクエリで表現して問合せする．それを受けて，SPARQL エンジンはクエリ文を解読してユーザが要求した RDF データを検索して出力

† https://www.w3.org/TR/rdf-sparql-query/

する．このとき，クエリ解決とはクエリ内に現れる変数へ具体的データを代入することをいう．

関係データベースの質問言語 SQL では，SELECT 文のクエリ表現により WHERE 句の条件に該当するデータを検索する．そのとき，SELECT 文に現れる変数にデータを代入してクエリが解決される．SPARQL にも同じような SELECT 文があり，RDF のグラフ構造に適したクエリ文になっている．

SPARQL のクエリには，目的に応じてつぎの四つの形式がある．

SELECT 文：変数リストのデータテーブルを出力

CONSTRUCT 文：RDF データの構成

DESCRIBE 文：指定リソースの RDF データを出力

ASK 文：RDF データに対する条件判定

SELECT 文が最もよく使われるクエリ形式で，指定したいくつかの変数に代入したデータをテーブル形式にして返す．CONSTRUCT 文は，クエリで表現したトリプルパターンに該当するデータにより，RDF トリプル集合を構成して出力する．DESCRIBE 文は，一つのリソースに関する情報としてプロパティとその値を付与した RDF トリプルを出力する．ASK 文は，問い合わせた条件を満たす RDF データがあれば真，なければ偽を返す．

クエリ内の記述では，変数はつぎのようにクエスチョンマークの後ろに文字列を付けて表現される．

```
?変数名
```

例えば，`?x` や `?name` は変数である．一方，（リソースやデータ値を示す）URI とリテラルは変数に代入される定数に相当する．N3 形式と同じく，URI は `<URI>` や QName で表し，リテラルは `"文字列"` で記述する．

クエリ文は，ベース URI や名前空間接頭辞を宣言する部分と，問合せの条件を書く本体部分に分かれる．宣言部分では，（RDF データの N3 形式と同じく）以下のようにベース URI を指定する．

```
BASE <URI>
```

さらに，名前空間接頭辞はつぎの宣言を数行にわたって記述してもよい．

```
PREFIX 名前空間接頭辞: <URI>
```

N3 形式の RDF データでは，このような宣言部分を本体データと区別するために各行の先頭にアットマークが付いたがクエリ文の宣言部分には不要である．

6.1.1 トリプルパターン

主語，述語，目的語に変数を許した RDF トリプルの拡張を RDF トリプルパターンという．RDF トリプルパターンには，任意の位置に変数が出現できる（変数なしでもよい）．例えば，主語，述語，目的語すべて変数でも構わないし，同じ変数が主語と目的語の両方に現れてもよい．以下の例は，主語と目的語をそれぞれ二つの変数`?subject`と`?object`で表したトリプルパターンである．

```
?subject rdf:type ?object .
```

これは，`rdf:type`の述語をもつ主語と目的語の検索条件を示す．

SPARQL クエリは，RDF トリプルパターンを用いて検索条件を記述する．クエリの実行には，トリプルパターンに含まれる変数に検索条件を満たす定数を代入する．ここで，代入とは変数を定数（URI やリテラル）に置き換える操作のことをいう．したがって，トリプルパターンの解決は与えられた RDF データに一致する代入であり，代入可能なすべての組合せを検索する．

例えば，つぎの RDF トリプルからなる DBpedia の一部を RDF データとする．

```
dbr:Tokyo rdf:type schema:Place , schema:City ;
          dbo:country dbr:Japan .
```

この RDF データ上で先述したトリプルパターンを解決すると，つぎの RDF トリプルが得られる．

```
dbr:Tokyo rdf:type schema:Place .
```

このとき，変数`?subject`と`?object`へ`dbr:Tokyo`と`schema:Place`が代入される．解決には二つの組合せがあり，別の解決では以下のように`dbr:Tokyo`と`schema:City`が代入される．

```
dbr:Tokyo rdf:type schema:City .
```

さらに，つぎのようにトリプルパターン列を検索条件にできる．

```
?subject rdf:type ?object1 .
?subject dbo:country ?object2 .
```

このとき，三つの変数へ代入して，以下の解決が得られる．

```
dbr:Tokyo rdf:type schema:Place .
dbr:Tokyo dbo:country dbr:Japan .
```

もう一つの解決は，?subject と?object2 には同じ URI が代入されるが?object1 に schema:City が代入される．

```
dbr:Tokyo rdf:type schema:City .
dbr:Tokyo dbo:country dbr:Japan .
```

3 章で述べたように，RDF データはトリプル集合によってグラフ構造を成す．したがって，トリプルパターン（またはトリプルパターン列）の解決は，ある RDF グラフから部分グラフを検索することに他ならない．

6.1.2　SELECT

SELECT 文は，変数リストを指定してその変数を含んだトリプルパターンを条件に検索する．その結果，各変数に代入された URI やリテラルをテーブル形式で出力する．SELECT 文の構文は，ベース URI や名前空間接頭辞の宣言部分につづいて以下のとおりである．

```
SELECT ?変数名 1 ?変数名 2 ... ?変数名 n
FROM <RDF データセットの URI>
WHERE { トリプルパターン... トリプルパターン }
```

まず，SELECT 後の変数リストは検索する対象を複数の変数で表す．テーブルで表される検索結果は，これら変数に代入されたデータ列を並べたものになる．SQL の SELECT 文のように変数リストをアスタリスク（*）で指定すると，WHERE 句に出現したすべての変数リストを意味する．また，SQL のように SELECT DISTINCT と書けば，検索結果の重複を排除して出力する．FROM 句は，検索したい RDF データセットの URI を明示する．WHERE 句には，トリプルパターン列により検索条件が指定される．

6.1.3 CONSTRUCT

CONSTRUCT 文は，検索条件に指定したトリプルパターン列の解決から RDF グラフを生成する．SELECT 文の変数リストに代わってトリプルパターン列を指定することで，そのパターンから形成された RDF トリプル集合が出力される．CONSTRUCT 文の構文は，ベース URI や名前空間接頭辞の宣言部分につづいて以下のとおりである．

```
CONSTRUCT { トリプルパターン... トリプルパターン }
FROM <RDF データセットの URI>
WHERE { トリプルパターン... トリプルパターン }
```

CONSTRUCT 後の括弧には，生成したい RDF グラフのトリプルパターンを表す．これにより出力される検索結果は，トリプルパターンの変数に URI やリテラルが代入された RDF トリプル集合となる．FROM 句の URI は，検索対象の RDF データセットを示す．WHERE 句は検索条件のトリプルパターン列を表し，その条件で検索された RDF データが変数へ代入される．その代入によって，同じく CONSTRUCT 後に書いたトリプルパターン列の変数に代入される．それゆえに，CONSTRUCT 後のトリプルパターン列に出現する変数は必ず WHERE 句の検索条件にも含まれなければならない．

6.1.4 DESCRIBE

DESCRIBE 文は，一つのリソースを指定してそのリソースに関するプロパティを検索する．その検索結果は，指定したリソースを主語，検索したプロパティとそのプロパティ値を述語と目的語にして RDF トリプルを出力する．DESCRIBE 文の構文は，ベース URI や名前空間接頭辞を記述する宣言部分につづいて以下のとおりである．

```
DESCRIBE リソース
FROM <RDF データセットの URI>
```

```
WHERE { トリプルパターン... トリプルパターン }
```

DESCRIBE 後には，一つのリソースを意味する URI または変数を記述する．このリソースを FROM 句の RDF データセット内で検索する．言い換えれば，指定リソースが主語となる RDF トリプルの全集合を出力する．リソースが変数のときは，WHERE 句の条件にその変数を含めたトリプルパターン列を記述する．これにより，検索条件を満たすリソース URI が変数に代入され，それを主語とした RDF トリプルの全集合を出力する．

CONSTRUCT 文と DESCRIBE 文は，共に出力が RDF グラフ（RDF トリプル集合）であるが，異なる検索機能をもつ．CONSTRUCT 文はトリプルパターンを明記してユーザが指定した構造の RDF グラフを生成する．それに対して DESCRIBE 文のほうがより単純で，主語リソースを指定してその述語と目的語（すなわち，プロパティとプロパティ値）による RDF トリプルの集合を出力する．この RDF グラフは，主語リソースの起点ノードに述語と目的語のエッジとノードが付与される構造である．

6.1.5 ASK

ASK 文は，WHERE 句の検索条件をトリプルパターン列で指定して RDF グラフがその条件を満たすかどうか判定する．その結果，条件を満たすデータがあれば真（true），なければ偽（false）を返す．検索条件に変数が含まれるとき，一つでもトリプルパターン列の解決が存在すれば判定は真となる．ASK 文の構文は，ベース URI や名前空間接頭辞の宣言部分につづいて以下のとおりである．

```
ASK
FROM <RDF データセットの URI>
WHERE { トリプルパターン... トリプルパターン }
```

ここで FROM 句と WHERE 句は，SELECT 文と同じように RDF データセットと検索条件を記述する．

6.2　SPARQL クエリの記述例

本節では，SPARQL のクエリ形式に対する記述例を説明する．本書では，よく使われる SPARQL 表現を学ぶために，ベンチマークのテストクエリを紹介する．テストクエリは RDF データストアと SPARQL エンジンの性能評価を目的に設計されているので，クエリの多くのバリエーションを提供する．

6.2.1　変数クエリ

〔1〕1 変数クエリ　　LUBM (Lehigh University Benchmark) †ベンチマークは，教員，学生や履修コースなどの大学に関する RDF データと 14 個のテストクエリからなる．以下の SELECT 文は，14 番目の LUBM テストクエリであり 1 変数の主語による 1 トリプルパターンで表している．

```
PREFIX rdf: <http://www.w3.org/1999/02/22-rdf-syntax-ns#>
PREFIX ub: <http://www.lehigh.edu/~zhp2../univ-bench.owl#>
SELECT ?x WHERE {
  ?x rdf:type ub:UndergraduateStudent
}
```

このクエリは，「すべての学部生を列挙しなさい」を意味する．最初に二つの名前空間接頭辞を宣言して，SELECT 文で WHERE 句の条件を満たす変数`?x`を検索する．検索条件により，変数`?x`への代入が学部生クラスのインスタンスに限定される．言い換えると，`rdf:type`を述語，`ub:UndergraduateStudent`を目的語とするすべての主語リソースがトリプルパターンの解決となる．

つぎの SELECT 文は 1 番目の LUBM テストクエリであり，1 変数の主語に対して二つのトリプルパターンでその主語を連結して検索条件を厳しくする．

```
SELECT ?x WHERE {
  ?x rdf:type ub:GraduateStudent .
```

† http://swat.cse.lehigh.edu/projects/lubm/

```
    ?x ub:takesCourse
    <http://www.Department0.University0.edu/GraduateCourse0>
  }
```

この問合せは，「GraduateCourse0を受講しているすべての大学院生を列挙しなさい」を意味する．検索条件によって，変数?xへの代入が大学院クラスのインスタンスかつGraduateCourse0の受講者となる．この解決は，二つのトリプルパターンに書かれた述語と目的語をもつ主語リソースに限定される．

以下は，13番目のLUBMテストクエリであり同じ変数を二つのトリプルパターンのそれぞれ主語と目的語に記述する．

```
SELECT ?x WHERE {
  ?x rdf:type ub:Person .
  <http://www.University0.edu> ub:hasAlumnus ?x
}
```

このクエリは，「University0の卒業生を列挙しなさい」を意味する．検索条件により，人間クラスのインスタンス，かつUniversity0に対するプロパティub:hasAlumnusの値が変数?xへ代入される．

〔2〕2変数クエリ　BMDB (RDF Store Benchmarks with DBpedia)† ベンチマークは，DBpediaのInfobox，地理データおよびホームページからなるRDFデータと5個のクエリを提供する．以下のSELECT文は，1番目のテストクエリであり，二つの変数を含むトリプルパターンを用いている．

```
PREFIX dbr: <http://dbpedia.org/resource/>
SELECT ?p ?o WHERE {
  dbr:Metropolitan_Museum_of_Art ?p ?o
}
```

このクエリは，「メトロポリタン美術館のすべてのプロパティを列挙しなさい」を意味する．このSELECT文では，WHERE句の条件を満たす2変数?pと?oを検索する．すなわち，dbr:Metropolitan_Museum_of_Artを主語URI

† http://wifo5-03.informatik.uni-mannheim.de/benchmarks-200801/

とする述語と目的語のペアすべてがトリプルパターンの解決となる.

SP^{2}Bench (SP^{2}Bench SPARQL Performance Benchmark) †ベンチマークは，DBLP の文献 RDF データとテストクエリからなる．以下の SELECT 文は，2 変数と 3 トリプルパターンによる 1 番目のテストクエリである.

```
PREFIX rdf: <http://www.w3.org/1999/02/22-rdf-syntax-ns#>
PREFIX dc:  <http://purl.org/dc/elements/1.1/>
PREFIX dcterms: <http://purl.org/dc/terms/>
PREFIX bench: <http://localhost/vocabulary/bench/>
PREFIX xsd: <http://www.w3.org/2001/XMLSchema#>
SELECT ?yr WHERE {
  ?journal rdf:type bench:Journal .
  ?journal dc:title "Journal 1 (1940)"^^xsd:string .
  ?journal dcterms:issued ?yr
}
```

この問合せは,「タイトルが Journal 1 (1940) のジャーナルが出版された年を列挙しなさい」を意味する．検索条件では，最初の二つのトリプルパターンがタイトルと一致するリソース?journal を検索し，3 番目のトリプルパターンがそのリソースの出版年?yr を検索する.

〔**3**〕 **多変数クエリ**　多数の変数を使うことで，複雑に連結したトリプルパターン列を条件に検索できる．例えば，二つ以上のリソースが相互に連結した RDF データを検索するときに，複数の変数が必要である．以下は，2 番目の BMDB テストクエリであり，4 変数を含むトリプルパターン列で映画リソースを検索する.

```
PREFIX p: <http://dbpedia.org/property/>
SELECT ?film1 ?actor1 ?film2 ?actor2 WHERE {
  ?film1 p:starring
          <http://dbpedia.org/resource/Kevin_Bacon> .
```

† http://dbis.informatik.uni-freiburg.de/forschung/projekte/SP2B/

```
    ?film1 p:starring ?actor1 .
    ?film2 p:starring ?actor1 .
    ?film2 p:starring ?actor2 .
}
```

この問合せは,「俳優ケヴィン・ベーコンが出演している映画と共演者，その共演者の出演映画と共演者を列挙しなさい」を意味する．検索条件では，まず目的語の URI がケヴィン・ベーコンを示しており，その出演映画?film1 を検索する．さらに，その出演映画の共演者?actor1 を検索して，?actor1 の出演映画?film2 とその共演者?actor2 を検索する．

その他に，多数の変数を用いて複数の属性情報を検索して列挙できる．以下は 3 番目の BMDB テストクエリであり，4 変数で芸術作品の情報を検索するトリプルパターンを表している．

```
PREFIX p: <http://dbpedia.org/property/>
SELECT ?artist ?artwork ?museum ?director WHERE {
  ?artwork p:artist ?artist .
  ?artwork p:museum ?museum .
  ?museum p:director ?director .
}
```

このクエリは,「芸術作品，芸術家，美術館，ディレクターの一覧を列挙しなさい」を意味する．まず，作品を作成した芸術家と所蔵する美術館を検索し，その美術館のディレクターを検索する．検索条件により，共通の主語?artwork に対して p:artist と p:museum のプロパティ値を検索し，変数?museum への各代入に対して p:director のプロパティ値を検索する．

6.2.2 ORDER BY，LIMIT，OFFSET

SPARQL クエリでは，検索結果をソートして出力したり検索を制御して出力の総数を制限したりできる．例えば，WHERE 句の後ろに ORDER BY，LIMIT，OFFSET などを記述する．以下の SELECT 文は，11 番目の SP^{2}Bench テストクエリであり，検索結果をアルファベット順にソートして出力する．

```
SELECT ?ee WHERE {
  ?publication rdfs:seeAlso ?ee
}
ORDER BY ?ee LIMIT 10 OFFSET 50
```

このクエリは，「すべての文献リソースの `rdfs:seeAlso` による参照先を列挙せよ」を意味する．この検索で，`ORDER BY` 後の変数 `?ee` に代入したデータをソートして出力する．`LIMIT` は出力数を 10 個に限定し，`OFFSET` は 50 番目からの検索結果を出力する．また，`ORDER BY ASC(?ee)` もしくは `ORDER BY DSEC(?ee)` と書き換えれば，明示的に昇順もしくは降順を指定できる．

6.2.3　FILTER

これまで述べた WHERE 句のトリプルパターン列は，RDF グラフの部分構造や検索条件を与える．一方，リテラルの数値や文字列に対して制約を課す記述に FILTER がある．FILTER は，WHERE 句のトリプルパターン列に並んで `FILTER`（制約式）を書いて検索条件の一部とする．RDF グラフに出現する数値や文字列に関する制約式は，つぎの演算子により与えられる．

`+ - * /`：四則演算子

`= != < > <= >=`：比較演算子

`&& || !`：論理積演算子，論理和演算子，否定演算子

トリプルパターンの要素となる変数や定数（URI やリテラル）を総称して項（term）と呼ぶ．これらの項に対して，四則演算子を有限回適用した表現もまた項である．比較演算子は，二つの項を比較する制約式を表して真偽の結果を返す．その制約式が真となれば，検索条件が成り立つ．論理演算子は，比較演算子などによる複数の制約式を論理的に組み合わせて複雑な制約式を記述する．

例えば，以下は 4 番目の BMDB テストクエリであり，検索条件に FILTER による制約式を含む．

```
PREFIX geo: <http://www.w3.org/2003/01/geo/wgs84_pos#>
```

```
PREFIX foaf: <http://xmlns.com/foaf/0.1/>
SELECT ?s ?homepage WHERE {
<http://dbpedia.org/resource/Berlin> geo:lat ?berlinLat .
<http://dbpedia.org/resource/Berlin> geo:long ?berlinLong .
  ?s geo:lat ?lat .
  ?s geo:long ?long .
  ?s foaf:homepage ?homepage .
  FILTER ( ?lat  <= ?berlinLat + 0.03190235436 &&
           ?long >= ?berlinLong - 0.08679199218 &&
           ?lat  >= ?berlinLat - 0.03190235436 &&
           ?long <= ?berlinLong + 0.08679199218 )
}
```

この問合せは,「ベルリンから緯度経度が一定の範囲内にある別のリソースとそのホームページをすべて列挙せよ」を意味する. WHERE句直後の二つのトリプルパターンにより, ベルリンの緯度経度 (?berlinLatと?berlinLong) を検索する. その後のトリプルパターンは, 任意のリソース?sとその緯度経度とホームページを変数?lat, ?long, ?homepageで検索する. このときFILTERの制約式により, リソース?sの緯度経度がベルリンから緯度± 0.031, 経度± 0.086の範囲内でなければならない.

加えて, FILTERの制約式には, 以下の真偽を判定する関数を記述できる.

bound(変数) : 変数に値が代入されて真

isURI(項) : URIならば真

isBlank(項) : 空ノードならば真

isLITERAL(項) : リテラルならば真

例えば, bound(?x) は変数?xになんでもよいので値が代入されれば真となり, そうでなければ偽となる. これに否定演算子を付けて!bound(?x) とすると, 逆に代入なしで真となる. これは失敗による否定を実現する. つづく三つの関数は, それぞれ項がURI, 空ノード, リテラルかどうかを判定する.

また，リテラルに含まれる特定の文字列パターンを検索するために以下のような正規表現の関数がある．

```
regex(文字列, パターン, フラグ)
```

文字列に検索したいリテラルの変数などを書いて，パターンに正規表現を記述する．フラグのパラメータはオプションで，i（case–insensitive を意味する）とすれば大文字小文字を区別しないで検索する．

BSBM（Berlin SPARQL Benchmark）†ベンチマークは，商品，販売者，顧客などの電子取引の RDF データと 12 個のテストクエリからなる．以下の SELECT 文は 6 番目の BSBM テストクエリであり，2 変数と FILTER を使って検索条件を表す．

```
SELECT ?product ?label WHERE {
  ?product rdfs:label ?label .
  ?product rdf:type bsbm:Product .
  FILTER regex(?label, "文字列")
}
```

このクエリは，「商品名ラベルが文字列の正規表現と一致する商品リソースとそのラベルを列挙せよ」を意味する．WHERE 句のトリプルパターンにより，商品クラスのインスタンス?product とそのラベル?label を検索する．その?label の代入に対して，FILTER 内で正規表現による制約条件を与える．

6.2.4 UNION

SPARQL クエリでは検索条件に複数のトリプルパターンを列挙すれば，各リソースの属性をいくつか同時に検索できる．例えば，トリプルパターン列 ?x p1 ?y1 .?x p2 ?y2 . は共通の主語?x に対してプロパティ p1 と p2 による二つの属性情報?y1，?y2 を検索する．しかしながら，もし主語リソースが p1 と p2 のいずれかの属性しかもたないならば，その主語リソースは検索されない．このような場合に，和集合表現の UNION を用いる．以下のように，

† http://wifo5-03.informatik.uni-mannheim.de/bizer/berlinsparqlbenchmark/

WHERE 句のトリプルパターン列を二つに分けて，それぞれを括弧でグループ化して UNION で連結する．

```
{ トリプルパターン列 } UNION { トリプルパターン列 }
```

これにより，UNION で結合した二つのトリプルパターン列に対してどちらか一方が解決されれば検索が成功する（両方が解決できれば共に出力される）．また，括弧内のトリプルパターン列内に再帰的に UNION が現れてもよい．

以下の SELECT 文は 9 番目の SP^{2}Bench テストクエリであり，検索条件において 2 種類のトリプルパターン列を UNION で連結する．

```
SELECT DISTINCT ?predicate WHERE {
  { ?person rdf:type foaf:Person .
    ?subject ?predicate ?person    }
  UNION
  { ?person rdf:type foaf:Person .
    ?person ?predicate ?object    }
}
```

この問合せは，「人間リソースを主語または目的語としているすべての述語リソースを列挙しなさい」を意味する．UNION で連結した両方の条件ともに，変数?person が人間クラスのインスタンスを検索する．その後で，一つ目の検索条件は人間リソースを目的語とする述語を検索する．二つ目の検索条件は，人間リソースを主語とする述語を検索する．この検索では，重複した述語が出力されないように DISTINCT が指定される．

6.2.5 OPTIONAL

前述したトリプルパターン列?x p1 ?y1 .?x p2 ?y2 . による検索を再び考える．この検索では，主語リソース?x に対して p1 の属性は必ず存在するが p2 の属性は一部の主語リソースにしか存在しないときがある．多くの主語リソースで二つ目の属性情報が不在なので，それらの主語リソース?x が検索されない．このような場合に，以下のように WHERE 句のトリプルパターン列につづいて OPTIONAL で示す任意選択の条件を挿入する．

　　トリプルパターン列 OPTIONAL { トリプルパターン列 }

OPTIONAL 直後の括弧で囲まれたトリプルパターン列は，解決が存在したときのみ OPTIONAL 以外の解決と共に出力される．OPTIONAL 部分の解決がないときは，OPTIONAL 以外の解決のみ出力される．

以下の SELECT 文は 2 番目の SP^{2}Bench テストクエリであり，多数の変数を使って一つのトリプルパターンのみを OPTIONAL 内に記述する．

```
PREFIX swrc: <http://swrc.ontoware.org/ontology#>
SELECT ?inproc ?author ?booktitle ?title
       ?proc ?ee ?page ?url ?yr ?abstract WHERE {
  ?inproc rdf:type bench:Inproceedings .
  ?inproc dc:creator ?author .
  ?inproc bench:booktitle ?booktitle .
  ?inproc dc:title ?title .
  ?inproc dcterms:partOf ?proc .
  ?inproc rdfs:seeAlso ?ee .
  ?inproc swrc:pages ?page .
  ?inproc foaf:homepage ?url .
  ?inproc dcterms:issued ?yr
  OPTIONAL { ?inproc bench:abstract ?abstract }
} ORDER BY ?yr
```

このクエリは，「DBLP データから国際会議論文のリソースとその作成者，タイトル，ページ，出版年などを出版年順に列挙しなさい」を意味する．共通の主語`?inproc`により文献リソースの多くの属性情報を検索するが，その概要`?abstract`だけは OPTIONAL で任意検索としている．さらに`ORDER BY`により，出版年`?yr`でソートされた結果が出力される．

6.2.6 プロパティパス

RDF データはグラフ構造によるネットワークを成しており，あるノード URI からいくらか先のノード URI までのパスを指定するクエリ検索が考えられる．例えば以下の SELECT 文は，トリプルパターン列によりリソースからそのクラスの上位クラスへのパスを検索する．

```
SELECT DISTINCT ?subject ?object WHERE {
  ?subject rdf:type ?class1 .
  ?class1 rdfs:subClassOf ?class2 .
  ?class2 rdfs:subClassOf ?object .
}
```

このクエリは，リソース?subject から三つの連結するプロパティ rdf:type, rdfs:subClassOf, rdfs:subClassOf を経由して，クラスリソース?object を検索する．

以上の検索条件は，三つのプロパティがノードからノードまでのパスを示す．このような検索条件を簡潔なトリプルパターンで記述するために，以下のプロパティパス表現が SPARQL 1.1 に導入されている．

主語 URI 述語 URI/.../述語 URI 目的語 URI .

このとき，述語 URI/.../述語 URI が主語 URI から目的語 URI をつなぐ有限個のプロパティパスを示す．その他にプロパティの論理和結合子として，述語 URI|...|述語 URI はいずれか一つのプロパティの成立を意味する．!述語 URI と^述語 URI は，それぞれ否定プロパティと逆プロパティを示す．また，同じプロパティが連続するとき，述語 URI*，述語 URI+，述語 URI?と表記すればそれぞれ述語 URI の出現数が 0 以上，1 以上，0 または 1 を意味する．

プロパティパスを用いて，先ほどの SELECT 文は以下に書き換えられる．

```
SELECT DISTINCT ?subject ?object WHERE {
  ?subject rdf:type/rdfs:subClassOf/rdfs:subClassOf
           ?object .
}
```

これにより，検索条件の三つのトリプルパターンが一つのプロパティパスで簡潔に表現できる．

6.3 SPARQLとRDFデータストア

リンクトデータは，膨大なデータをRDF形式で記述してWebサーバ上で公開される．こうしたデータセットをサーバに格納・管理し，一部のデータを効率的に検索するために，数々のRDFデータストアシステムが実装されている．すなわち，RDFデータストアにリンクトデータを読み込めば，SPARQLクエリを発行して必要なデータを高速に検索できる．

6.3.1 SPARQLエンドポイント

SPARQLエンドポイントは，SPARQLサーバによって実行されたWebサービスである．したがって，ユーザがWebブラウザからエンドポイントへアクセスし，SPARQLクエリを発行してRDFデータストアへ問合せできる．リンクトデータを公開する一手段としてWebサイトにSPARQLエンドポイントを構築すれば，ユーザが手軽にクエリ検索できる環境を提供してくれる．例えば，DBpediaのリンクトデータを検索したいとき，エンドポイントが`http://dbpedia.org/sparql`で利用できる．

6.3.2 実システム

RDFデータストアシステムやSPARQLエンジンは，RDFデータをメモリやディスクの記憶媒体に格納して処理するオープンリソースシステムである．その他にも，RDFのためのツールやAPIなどが公開されている．

〔1〕 **Jena，Fuseki，ARQ**　Jena†はセマンティックWebアプリケーションを実装するJavaフレームワークであり，RDF(S)やSPARQLなどに対するAPIやツールキットを提供する．RDFやOWLのデータを処理するため

† https://jena.apache.org/

の Java API が用意されており，さまざまなシリアライズの RDF データを読み込むことができる．読み込んだ RDF データは，メモリとディスクのいずれでも保存できる．Jena の初期バージョンは，ヒューレットパッカード研究所で 2000 年に開発されており，SPARQL 検索エンジンの実装としては古く最も有名な実システムである．

Jena の SPARQL を実行する処理系は，ARQ というクエリエンジンである．この ARQ をインストールすれば，（Java コードからでなくとも）コマンドラインから RDF データを読み込み，SPARQL クエリを発行できる．また，同プロジェクトから HTTP プロトコルの SPARQL サーバを提供するために，Fuseki というオープンリソースが提供されている．

〔2〕**RDF4J**（旧 **Sesame**）　Sesame[†1]は，RDF データを処理するデータストレージと SPARQL 検索エンジンを備えた Java フレームワークである．Jena と同様に Java をベースにしており，RDF データはメモリとディスクのいずれでも保存できる．また，Java のプログラミング環境から RDF データを処理するための API も充実している．SPARQL 検索エンジンの性能に関しては，ベンチマークのクエリ解決において Jena よりも高速な検索が実証されている．Sesame は，2016 年に RDF4J という名称で後継プロジェクトに引き継がれている．

〔3〕**Virtuoso**　Virtuoso[†2]は，SQL，XML，RDF，テキストなどのさまざまなデータを扱うユニバーサルサーバである．そのサーバ機能の一つとして，SPARQL 検索エンジンを備えたディスクベースの RDF データベースを管理する．Java だけでなく C 言語や Python などのプログラミング言語をサポートしている．実際に，DBpedia のエンドポイントをはじめとして，Virtuoso により多くのエンドポイントの SPARQL サーバが構築・運用されている．ディスクベースの RDF データベースに対するクエリ解決は非常に高速であり，それはビットマップによるインデックス検索で実現される．

---

†1　http://rdf4j.org/
†2　http://virtuoso.openlinksw.com/

〔4〕 **GraphDB**（旧 **OWLIM**）　OWLIM は，RDF データだけでなくルール集合によって RDF トリプルに関する推論を実現する．ルールの適用を実行するのが，TRREE エンジン（triple reasoning and rule entailment engine）である．ルールは無限の推論をもたらさない安全な記述に限定されており，OWL 2 RL に対応した表現力をもつ．この OWLIM によって，先述した Sesame の推論処理系が実装されている．現在，GraphDB[†]へ名称を変えて無償版を含めた五つのバージョンが提供されている．

6.3.3 RDF データストアの実装技術

RDF データストアシステムや SPARQL エンジンの実現は，グラフ構造のデータベースシステムを実装することである．その性能向上のために，さまざまな関連研究が行われている．SPARQL クエリを高速に解決するためには，インデックス化によってデータアクセスの計算量を下げるアプローチがある．また，SPARQL クエリ表現を等価なクエリに変換して，無駄な検索過程を削除する方法がある．さらに，クエリ検索の高速化のためのインデックスによって必要な記憶領域が増幅するので，RDF データの圧縮技術も重要である．すなわち，格納データ域の圧縮と検索の高速化は，たがいにトレードオフの関係にある．

SPARQL クエリ例で述べたベンチマークは，RDF データストアシステムや SPARQL エンジンの性能を評価するために用いられる．リンクトデータの規模は非常に速いスピードで増えつづけており，データの格納と検索に対する技術進歩が求められている．これは NoSQL をはじめとするビッグデータ技術との関連性も強く，柔軟なグラフ構造に対する検索やデータベースの技術は今後重要性が増す研究分野と考えられる．

---

† http://ontotext.com/products/graphdb/

引用・参考文献

1) Allemang, D. and Hendler, J.: *Semantic Web for the Working Ontologist: Effective Modeling in RDFS and OWL*, 2nd edition, Morgan Kaufmann Publishers Inc. (2011)

2) Amerland, D.: *Google Semantic Search: Search Engine Optimization (SEO) Techniques That Get Your Company More Traffic, Increase Brand Impact, and Amplify Your Online Presence*, Que Publishing Company (2013)

3) Carey, P. and Vodnik, S.: *New Perspectives on HTML, CSS, and XML*, 4th edition, Course Technology (2014)

4) Cure, O. and Blin, G.: *RDF Database Systems: Triples Storage and SPARQL Query Processing*, Morgan Kaufmann (2014)

5) Domingue, J., Fensel, D. and Hendler, J. A. eds.: *Handbook of Semantic Web Technologies*, Springer (2011)

6) DuCharme, B.: *Learning SPARQL*, 2nd edition, O'Reilly Media, Inc. (2011)

7) Fawcett, J., Ayers, D. and Quin, L. R. E.: *Beginning XML*, Wrox Press Ltd., 5th edition (2012)

8) Freeman, E. and Robson, E.: *Head First HTML5 Programming: Building Web Apps with Javascript*, Oreilly & Associates Inc (2011)

9) Gliozzo, A., Biran, O., Patwardhan, S. and McKeown, K.: Semantic Technologies in IBM Watson, in *Proceedings of the Fourth Workshop on Teaching NLP and CL*, pp. 85–92 (2013)

10) Hitzler, P., Krtzsch, M. and Rudolph, S.: *Foundations of Semantic Web Technologies*, Chapman & Hall/CRC (2009)

11) 伊藤健太郎, 濱崎　俊, 佐藤勇紀：ためしてわかるセマンティック Web, 技術評論社 (2007)

12) 兼岩　憲：記述論理と Web オントロジー言語, オーム社 (2009)

13) 兼岩　憲：RDF と RDF スキーマの推論, 人工知能学会誌, **26**, 5, pp. 473 – 481 (2011)

14) 神崎正英：セマンティック・ウェブのための RDF/OWL 入門, 森北出版 (2005)

15) 神崎正英：メタ情報とセマンティック・ウェブ – The Web KANZAKI, http://www.kanzaki.com/docs/sw/ (2016)
16) 溝口理一郎：オントロジー工学, オーム社 (2005)
17) 中山幹敏, 奥井康弘：標準 XML 完全解説〈上〉, 技術評論社 (2001)
18) 大藤　幹：HTML/XHTML, Web 標準テキストシリーズ, 技術評論社 (2008)
19) Mark Pilgrim 著, 矢倉眞隆, 水原　文 監訳：入門 HTML5, オライリージャパン (2011)
20) Segaran, T., Evans, C., Jamie Taylor 著, 大向一輝, 加藤文彦, 中尾光輝, 山本泰智 監訳：セマンティック Web プログラミング, オライリージャパン (2010)
21) 下佐粉昭, 野間愛一郎, 久保俊彦, 高橋賢司：XML-DB 開発 実技コース, 翔泳社 (2008)
22) Sikos, L.: *Mastering Structured Data on the Semantic Web: From HTML5 Microdata to Linked Open Data*, Apress (2015)
23) Sriparasa, S. S.: *JavaScript and JSON Essentials*, Packt Publishing (2013)
24) Szeredi, P., Lukcsy, G. and Benk, T.: *The Semantic Web Explained: The Technology and Mathematics Behind Web 3.0*, Cambridge University Press (2014)
25) TAC 情報処理技術者講座：ネットワークスペシャリスト完全攻略テキスト, TAC 出版 (2010)
26) 高橋麻奈：やさしい XML 第 3 版, ソフトバンククリエイティブ (2009)
27) 竹下隆史, 村山公保, 荒井　透, 苅田幸雄：マスタリング TCP/IP 入門編 第 5 版, オーム社 (2012)
28) トム・ヒース, クリスチャン・バイツァー 著, 武田英明 監訳：Linked Data: Web をグローバルなデータ空間にする仕組み, 近代科学社 (2013)
29) 上野　宣：HTTP の教科書, 翔泳社 (2013)
30) Wood, D.: *Linking Enterprise Data*, Springer-Verlag New York, Inc. (2010)
31) Wood, D., Zaidman, M., Ruth, L. and Hausenblas, M.: *Linked Data*, Manning Publications Co. (2014)
32) Yu, L.: *A Developer's Guide to the Semantic Web*, 2nd edition, Springer (2014)

索　　　引

—— 著者略歴 ——

1993年 富士通株式会社勤務
～96年
2001年 北陸先端科学技術大学院大学情報科学研究科
博士後期課程修了（情報処理学専攻）
博士（情報科学）
2001年 国立情報学研究所助手
2006年 情報通信研究機構研究員
2010年 岩手大学准教授
2013年 電気通信大学教授
現在に至る

セマンティック Web とリンクトデータ

The Semantic Web and Linked Data

2017 年 2 月 20 日 初版第 1 刷発行 ★
2024 年 3 月 30 日 初版第 2 刷発行

検印省略

著 者 兼岩 憲（かねいわ けん）
発行者 株式会社 コロナ社
代表者 牛来真也
印刷所 三美印刷株式会社
製本所 有限会社 愛千製本所

112-0011 東京都文京区千石 4-46-10
発行所 株式会社 コロナ社
CORONA PUBLISHING CO., LTD.
Tokyo Japan
振替 00140-8-14844・電話(03)3941-3131(代)
ホームページ https://www.coronasha.co.jp

ISBN 978-4-339-02869-0 C3055 Printed in Japan （金）